골프와 가드너를 위한
잔디밭 사계

골프와 가드너를 위한 잔디밭 사계

발행일   2023년 5월 17일

지은이   장석원
펴낸이   손형국
펴낸곳   (주)북랩
편집인   선일영   편집   정두철, 배진용, 윤용민, 김부경, 김다빈
디자인   이현수, 김민하, 김영주, 안유경, 한수희   제작   박기성, 황동현, 구성우, 배상진
마케팅   김회란, 박진관
출판등록 2004. 12. 1(제2012-000051호)
주소   서울특별시 금천구 가산디지털 1로 168, 우림라이온스밸리 B동 B113~114호, C동 B101호
홈페이지   www.book.co.kr
전화번호   (02)2026-5777   팩스   (02)3159-9637

ISBN   979-11-6836-871-2 03480 (종이책)   979-11-6836-872-9 05480 (전자책)

(주)북랩 성공출판의 파트너
북랩 홈페이지와 패밀리 사이트에서 다양한 출판 솔루션을 만나 보세요!
홈페이지 book.co.kr   •   **블로그** blog.naver.com/essaybook   •   **출판문의** book@book.co.kr

작가 연락처 문의 ▸ ask.book.co.kr

작가 연락처는 개인정보이므로 북랩에서 알려드릴 수 없습니다.

골퍼와 가드너를 위한
잔디밭 사계 四季

한국골프대학교
장석원 교수의
사시사철
잔디 이야기

장석원 지음

골퍼와 가드너의 시선으로
계절따라 어떻게 잔디를 바라보고 다뤄야 할 것인지
자세히 알려 주는 멋진 잔디밭을 위한 친절한 안내서

잔디는 우리나라 국토의 약 1%를 차지할 정도로 우리 주변에서 흔히 볼 수 있는 식물입니다. 나무처럼 크거나 꽃처럼 화려하지 않지만 우리 삶을 풍성하게 하는 고마운 식물이지요. 잔디는 우리가 살고 있는 주거환경을 이롭게 하고 정서와 신체를 건강하게 하는 등의 여러 역할을 합니다. 주변을 보면 잔디의 그런 역할은 쉽게 찾을 수 있습니다. 예를 들어, 잔디밭이 있는 정원은 맨땅이나 콘크리트 바닥이 있는 정원보다 여름철에 훨씬 시원합니다. 천연잔디운동장이 있는 학교에서 공부한 초등학생들이 맨땅운동장 학교의 학생들보다 교우관계가 좋고 정서가 더 안정되어 있다는 학술보고는 수없이 많습니다.

사람들은 잔디가 우리 발에 밟혀도 늘 그 자리에 있는 것으로 당연하게 생각합니다. 공원을 거닐면서 꽃과 나무의 존재를 칭송하면서 신발 아래 잔디를 고맙게 생각하는 사람들이 얼마나 있을까요? 그래서 저는 잔디가 사람들 마음속에 참으로 저평가된 주식과 같은 식물이라고 생각합니다. 그렇다고 사람들 마음속에서 잔디의 주가가 갑자기 급등할 것 같지는 않습니다. 그래서 저는 몇 년 전부터 잔디와 함께 대중 속으로 더 깊이 들어가기로 결정했습니다. 잔디를 알리기 위해서 골프산업신문에 몇 년째 글을 쓰고 있고 블로그를 운영하는 것도 그런 이유 때문이지요.

기존에 출간된 잔디 관련 서적은 골프장이나 운동경기장 관리에 맞춰서 집필된 전공 서적이 대부분입니다. 그러니까 전문가들이나 전공 학생들을 대상으로 출판된 책이라고 할 수 있지요. 당연히 책의 내용이 딱딱하고 어려운 편입니다. 저는 잔디와 함께 대중 속으로 들어가면서 잔디와 친숙하지 않은 분들도 쉽게 이해할 수 있는 책을 쓰고 싶었습니다.

"골퍼와 가드너를 위한 잔디밭 사계"는 잔디의 일상을 계절별로 묶었습니다. 골프장이 주요 배경이지요. 1980년대까지만 해도 우리나라에서는 묘지가 가장 넓은 잔디 식재 면적을 차지했었습니다. 지금은 통계상으로 골프장의 잔디 면적이 가장 넓습니다. 골프장은 잔디 종류가 가장 많은 곳이기도 합니다. 골프장 잔디는 그 어떤 곳의 잔디보다 스트레스가 심해서 관리도 가장 어렵습니다. 그래서 우리나라 잔디 관리 기술은 골프장 잔디에서부터 출발합니다. 새로운 정보와 기술은 잔디 연구자나 골프장 현장 전문가들에 의해 개발되거나 도입되고 검증을 거친 후에 프로야구나 프로축구 경기장과 같은 운동경기장이나 공원, 학교운동장 등으로 전파됩니다. 그런 이유로 이 책의 공간적 배경은 골프장이 되었습니다. 물론 제가 학생들을 가르치고 연구하는 주요 주제가 골프장 잔디이기도 합니다.

책은 잔디가 생소한 분들을 위해서 계절별로 글을 나눴고 사진과 함께 쉽게 풀어서 설명했습니다. 사진이 100장 넘게 포함되었기 때문에 독자들에게는 현장감이 느껴지면서 흥미로운 내용이 될 것이라고 생각합니다. 특히 책이 딱딱해지지 않도록 잔디에 관한 내용 외에도 잔디와 관계된 골프 상식과 규칙 그리고 에티켓도 담았습니다. 골프가 궁금하거나 좋아하시는 분들이라면 책 속에서 다양한 골프와 잔디 내용을 접하면서 더 재미있게 읽으시리라 기대해 봅니다. 혹시라도 어렵다고 느끼실 수 있는 잔디나 골프 용어는 이야기 끝에 '용어 알아보기'로 보완했습니다. 또한 골퍼와 가드너를 위한 팁을 넣어서 글 내용과 골프 그리고 가드닝의 접점을 만들고자 했습니다. 그래서 만약 정원에 잔디를 심은 분들이나 잔디밭 정원을 갖고 싶은 분들도 책을 읽으시면 영감을 얻고 실제로 도움이 되실 것으로 기대합니다. 물론 골프를 좋아하시거나 관심이 있으신 분들에게도 실질적인 도움이 되고 잔디와 골프 상식도 더 넓어질 것으로 생각합니다.

책의 내용은 책 뒷부분에 참고문헌이 있는 것처럼 과학자들의 연구결과를 근거로 기술하는 것을 원칙으로 했습니다. 잔디용어사전을 포함해서 다양한 문헌을 인용해서 객관성과 정확성을 높였습니다. 골프용어는 골프규칙 2023년도 판을 인용했습니다. 잔디 용어는 한글명과 영명을 혼용했지만, 가능한 한 한글 이름을 사용했습니다. 예를 들면, 퍼팅그린 잔디를 깎는 그린 모어(Green Mower)는 잔디 예초기나 잔디깎는 장비 정도로 표현했습니다. 하지만 일부 용어는 한글 용어 대신에 실제 현장에서 통용하는 영어 이름을 사용해야만 했습니다. 현장에서 한글 용어를 사용하지 않기 때문이지요. 가령 잔디 종류 중 하나인 흰겨이삭은 현장에서 사용하는 영명 크리핑 벤트그래스로 썼습니다. 그리고 혼용되는 이름은 되도록 한글 이름을 사용했습니다. 예를 들어, 들잔디 병인 라지패치(Large Patch)는 한국식물병목록에 있는 한글이름인 갈색퍼짐병으로 표시하고, 독자들이나 현장과의 소통을 위해서 영명도 같이 표기했습니다. 그럼에도 불구하고 책을 펴내면서 참 조심스럽습니다. 혹시라도 책 내용 중에 틀리거나 부족한 표현이 있다면 학계와 현장 전문가들의 고견을 부탁합니다.

책을 출판하면서 아쉬움도 있습니다. 이 책에서 우리 주변의 잔디 이야기를 모두 담지 못했기 때문입니다. 거듭 강조하건대, 잔디는 정말 대단한 식물입니다. 잔디는 수많은 사람들의 발자국에 매일 밟히면서도 굳건히 녹색의 모습을 보여줍니다. 그런 환경에서도 주변의 미세먼지와 소음을 줄이고 토양이 빗물에 침식되지 않게 합니다. 비가 많이 오면 물을 담아 홍수를 예방하고 더울 때는 물을 배출하면서 주변의 열을 흡수해 에어컨처럼 시원하게도 합니다. 그 외에도 잔디가 우리 삶에 주는 유익함은 차고도 넘칩니다. 그렇게 잔디가 우리 주변에서 하는 유익한 역할과 이야기가 책 내용에 거의 없습니다. 골프장을 주요 배경으로 하다 보니 그런 내용들은 책에 싣지 않았기 때문입니다.

우리 주변에는 골프장 외에도 잔디가 있는 곳이 많습니다. 여러분이 고개를 들어 주위를 둘러보시면, 묘지·파크골프장·운동경기장·학교운동장·공원·도로변 등에서 흔하게 잔디를 보실 수 있지요. 먹고 살기 어려웠던 시절에 채소와 작물이 있던 자투리 땅에도 이제는 잔디가 자리잡고 있습니다. 역설적이게도 잔디밭은 이제 여유의 상징이 되기도 합니다. 시대가 변한 모양입니다. 어떤 곳에서든 잔디는 사람과 환경을 위한 나름의 역할을 하고 있습니다. 다음에는 잔디의 그런 역할과 이야기를 책에 담고 싶습니다. 첫 번째 책의 배경이 골프장이었다면, 두 번째 책의 배경은 우리 주변의 잔디밭이 될 겁니다.

저는 "골퍼와 가드너를 위한 잔디밭 사계"가 잔디와 가까이 있거나 앞으로 가까워질 분들 누구에게든 영감을 주길 기대합니다. 그것이 저자인 저의 바람입니다. 책을 출판하기까지 많은 분들의 배려와 도움이 있었습니다. 2023년 1학기를 연구학기로 보낼 수 있도록 허락한 학교의 배려가 없었다면 몇 년을 묵힌 원고는 한두 해 더 노트북 속에 더 있을 지도 모릅니다. 이 자리를 빌어서 학교의 배려에 진심으로 감사드립니다. 한글 원고와 많은 사진이 함께 묶여서 한 권의 책으로 나올 수 있도록 함께 해주신 ㈜북랩 여러분께도 감사의 말씀을 전합니다. 그리고 책 속의 사진은 많은 분들의 도움이 있어서 가능했습니다. 골프장과 운동경기장 등 현장을 방문할 때마다 기꺼이 귀한 현장과 시간을 내어준 기관장님들 그리고 친절하게 안내해주신 코스관리팀장님과 직원 분들께 같은 시대를 사는 동지의 마음으로 응원하며 깊은 감사의 인사를 드립니다. 골프산업신문에 기고했던 내용의 일부가 책에 녹아있음을 고백하지 않을 수 없군요. 수년동안 지면을 허락해 주신 이계윤 대표님께도 감사의 인사를 전합니다. 몇몇 그림은 아내 지미영이 직접 그리고 제자 김호영 군이 색을 넣어 생명을 불어 넣었습니다. 김호영 군에게 감사를 전합니다. 아울러 학교와 사회 곳곳에서 묵묵히 정진하고 있는 많은 제자들과 기쁨을 함께 하고 싶습니다.

아내는 제가 글을 쓰는 과정부터 책이 나오기까지 다양한 시각으로 영감과 조언을 아끼지 않았습니다. 사랑하는 아내와 멋지게 성장 중인 아들 민세에게도 각별한 사랑의 하트를 전하고 싶군요. 아울러 고향 선산에 계신 아버지와 존경하는 양가 부모님(어머니, 장인어른, 장모님) 그리고 양가 형제들과도 출간의 기쁨을 함께 하고 싶습니다. 마지막은 출판사에 전한 책의 핵심문장인 "잔디는 나무처럼 키가 크지 않고 꽃처럼 화려하지 않지만 늘 낮은 자세로 흑백 세상을 녹색으로 만드는 고마운 식물이다"로 대신하고 싶습니다. 이 책을 읽는 모든 분들이 마음속에 평화롭고 근사한 녹색의 잔디밭을 만드시길 기원합니다.

2023년 강원도 횡성, 한국골프대학교 406호 연구실에서
저자 장석원 씀

목차 🌿

겨울

봄春

1. 잔디는
어떤 식물일까?

· 본문 미리보기 ·

잔디는 화본과(벼과)에 속하는 여러해살이(다년생) 식물로서 땅 위를 피복하고, 낮은 예고
(깎는 높이)와 답압(무거운 무게로 누르는 힘)에 견딜 수 있으며, 재생력이 강한 식물군을 뜻한
다. 전 세계 7,500여 종의 화본과 식물 중에서 30~40종만이 잔디로 이용되고 있다. 우리
나라 골프장이나 운동장 등에서는 10종 내외의 잔디가 식재되어 사용되고 있다.

골퍼가 18홀 라운드를 하면서 카트를 타지 않으면 얼마나 걸을까? 우리
나라 골프장 길이(전장)는 평균 6~7㎞정도 된다. 골퍼들은 라운드를 하는
4~5시간 동안 걷거나 카트를 타면서 잔디를 보게 된다. 잔디는 어떤 식물
일까?

잔디의 기원

잔디는 국가와 지역에 따라 여러 가설이 있지만, 가축 사료용 식물에서
유래되었다는 것이 가장 일반적이다. 사람들이 화본과(벼과) 식물을 가축
의 사료용으로 키우면서 인간의 삶과 더욱 가까워진 것으로 알려져 있다.
그 화본과 식물들은 가축에게 자주 뜯어 먹히면서 더욱 낮게 자라는 특
성을 갖게 되었다고 전해진다. 그렇게 낮고 균일하게 자라는 특성을 지닌

식물들이 운동경기에 활용되기 시작하면서 잔디로 불리게 된 것이다.

잔디의 어원

잔디라는 단어는 우리나라 들이나 산에서 쉽게 볼 수 있는 화본과 식물 "띠"에서 유래한 것으로 알려져 있다. 크기가 작은 띠가 잔띠와 잔듸를 거쳐서 잔디로 음운이 변화한 것으로 추정되고 있다. 잔디는 한자로 풀을 뜻하는 초두머리가 붙은 지초 지(芝)를 사용한다. 그래서 들잔디 품종인 안양중지, 장성중지 등 중지(中芝)의 지(芝)는 잔디를 의미한다.

잔디는 특정 식물 종을 가리키지 않는다

잔디는 분류학적으로 화본과 식물에 속하는 풀이다. 화본과 약 600속(Genus)에는 약 7,500종(Species)의 식물이 있다. 그중에 30~40종의 식물이 잔디로 활용된다. 우리나라에서는 들잔디, 금잔디, 켄터키 블루그래스, 크리핑 벤트그래스, 버뮤다그래스, 페레니얼 라이그래스, 톨훼스큐 등 대략 10종 내외의 식물이 잔디로 사용되고 있다. 운동경기의 종류, 사람들의 기호나 그 지역의 기후 등에 따라서 선택되는 잔디 종류는 달라질 수 있다. 운동 경기 중에서는 골프장에서 가장 다양한 잔디 종류를 볼 수 있다(그림 1-1).

그림 1-1 골프장에서는 티잉 그라운드, 페어웨이, 퍼팅그린, 러프 등에 다양한 종류의 잔디를 심어 경기를 흥미롭게 하고 볼거리를 제공한다.

잔디로 사용하는 식물은 6가지 조건이 충족되어야 한다

첫째, 그 식물이 지표면을 덮을 수 있는 지피성이 있어야 한다. 잔디에 속하는 식물의 대부분은 옆으로 자라는 줄기를 가지고 있기 때문에 맨땅 표면을 잎과 줄기로 가득 채운다. 둘째, 무거운 무게로 누르거나 사람의 발자국처럼 반복되는 답압에 노출되었을 때 잘 견뎌야 한다. 잔디는 보통 무거운 무게로 밟히는 환경에 노출되기 때문이다. 셋째, 잔디밭 일부가 피해를 입었다 해도 스스로 회복할 수 있는 재생력이 있어야 한다. 잔디에 속하는 식물은 땅과 맞닿은 부분에 잎, 줄기, 뿌리가 나오는 관부가 있다. 관부에는 생장점이 있기 때문에 치명적인 피해를 입지 않는 한 새싹이 나온다. 대부분의 잔디는 관부에서 수직 줄기인 분얼경, 수평 줄기인 포복경과 지하경 또는 둘 중 하나가 나와서 잔디밭을 피복한다. 넷째, 반복적인

골프와 가드너를 위한 잔디밭 사계

지상부 예초(잔디깎기)에도 죽지 않고 생장이 계속되는 식물이어야 한다. 잔디에 속하는 식물은 관부에 생장점인 분열조직이 있기 때문에 관부 위로만 자르면 죽지 않는다. 다섯째, 잔디로 사용되는 식물은 여러해살이 풀이어야 한다. 여러해살이풀이 아니라면 모든 잔디밭은 녹색을 유지하기 위해 매년 종자를 다시 파종해야 하기 때문이다. 여섯째, 잔디는 지표면 아래에 대취층(Thatch layer)을 형성한다(그림 1-2). 잔디의 토양 속 줄기와 뿌리는 일정기간이 지나면 생명을 다해서 죽고 새롭게 생긴 줄기와 뿌리로 교체된다. 그래서 대취층은 보통 살아있거나 죽은 잔디 조직의 층으로 이루어진다. 대취층은 운동하는 사람들에게 쿠션감을 제공하는 장점이 있으나 배수를 방해하고 병해충 서식처를 제공하는 단점도 있다.

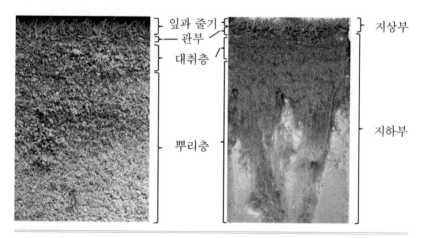

그림 1-2 잔디와 토양 단면도. 잔디는 관부를 사이에 두고 지상부와 지하부로 나뉘어 있다. 관부 아래에 대취층과 토양층이 있다. 왼쪽 사진은 토양층이 있는 상태의 잔디이고, 오른쪽 사진은 토양을 물로 씻어 뿌리가 드러난 잔디 식물체이다.

잔디의 6가지 조건을 기억해 두자. 잔디는 낮게 잘라도 되는 식물이다. 잔디 생육기 중에는 주기적으로 예초해야 위로 자라는 대신에 옆으로 퍼져 잔디밭 품질 유지에도 좋다. 잔디 잎이 짧으면 아이들이 뛰어놀기에도 적당하다. 그리고 잔디는 웬만큼 밟아도 쉽게 죽지 않는 식물이다. 그러니 잔디밭은 보호하기보다 밟으며 놀 수 있는 공간이라는 점을 항상 기억하자. 잔디밭의 일부가 죽었더라도 놀라지 말라. 잔디는 피해로부터 스스로 회복할 수 있는 능력을 지닌 식물이다.

2. 잔디는
어떻게 생겼을까?

· 본문 미리보기 ·

잔디에는 지상부인 잎, 줄기, 꽃, 열매가 있고, 지하부에 뿌리가 있다. 지상부와 지하부가 연결되는 부분에 생장점이 있는 관부가 있다. 관부에서 잎, 줄기, 뿌리가 발생한다. 잔디에는 4종류의 줄기(화경, 분얼경, 포복경, 지하경)가 있다. 모든 잔디는 화경(꽃대)과 수직 줄기인 분얼경을 갖는다. 수평 줄기는 잔디 종류에 따라서 포복경과 지하경 또는 둘 중에 하나가 나와서 잔디밭을 피복한다.

잔디는 지상부와 지하부로 구성된다(그림 1-3). 지상부에는 잎, 줄기, 꽃, 열매가 있고, 지하부에는 뿌리가 있다. 지상부와 지하부가 연결되는 부분에 생장점 조직이 있는 관부가 있다. 관부의 생장점에서 잎, 줄기, 뿌리가 나온다. 잔디의 잎은 엽신(잎몸, Leaf blade)과 엽초(잎집, Leaf sheath)로 이루어져 있다(그림 1-4). 엽신과 엽초는 단단하게 연결되어 있기 때문에 나뭇잎처럼 노화되었을 때 색은 변할지라도 쉽게 분리되어 떨어지지 않는다. 그래서 잔디는 가을에 단풍이 들고 난 후에도 쉽게 낙엽이 지지 않는다. 엽신과 엽초가 만나는 지점에 귀를 닮은 엽이(잎귀, Auricle), 옷깃을 닮은 경령(잎깃, Collar), 혀를 닮은 엽설(잎혀, Ligule)이 있다. 이들은 잔디 종류에 따라 있거나 없기 때문에 잔디를 분류할 때 쓸 수 있는 중요한 기준이 된다.

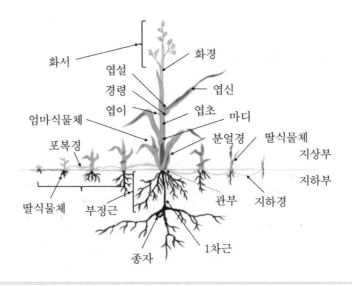

그림 1-3 모식도로 표현된 잔디 형태. 지상부와 지하부에 다양한 기관이 각각 존재한다. 잔디밭은 분얼과 딸 식물체(포복경이나 지하경으로 퍼져 지상부와 지하부가 생기며 활착한 식물체)에 의해 주변 맨땅이 잔디로 덮이게 된다.

그림 1-4 잔디(톨훼스큐)의 잎 실물 사진. 잎은 엽신과 엽초로 구성되어 있다.

골프와 가드너를 위한 잔디밭 사계

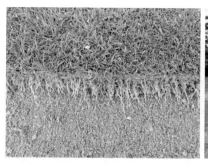

그림 1-5 퍼팅그린에 주로 식재하는 크리핑 벤트그래스 뗏장이다. 지상부(잎과 줄기)와 지하부(뿌리)로 구성된다. 오른쪽 사진은 티잉 그라운드에 식재한 들잔디 뗏장(갈색 부분)이다.

잔디는 두 가지 종류의 뿌리를 갖는다. 1차 근인 주근은 종자가 발아하면서 출현한 후 잔뿌리인 부정근이 나올 때 까지 존재하다가 퇴화한다. 그래서 잔디는 고추나 민들레와 같은 광엽식물이 갖고 있는 굵은 주근(원뿌리)이 없다. 부정근은 2차근이라고도 부른다. 종자에서 나온 줄기의 마디에 관부가 생기고, 그 부위에서 실질적인 뿌리인 2차 근이 나온다. 2차 근은 잔디의 지상부가 죽을 때까지 함께하는 영구 뿌리이다. 뿌리가 나오면서 잔디의 형태가 완성된다(그림 1-5).

잔디에는 4종류의 줄기(화경, 분얼경, 포복경, 지하경)가 있다. 모든 잔디는 화경(꽃대)과 수직 생장을 하는 줄기인 분얼경(Tiller)을 갖는다. 수평 줄기는 잔디 종류에 따라서 포복경(Stolon)과 지하경(Rhizome) 또는 둘 중에 하나가 나와서 잔디밭을 피복한다. 잔디를 다른 식물과 비교할 때 가장 큰 차이점은 관부(Crown)의 존재이다. 관부는 지상부와 지하부를 연결하는 부분에 있다. 관부에는 생장점이 있고 왕관 모양을 닮았다고 해서 영어 이름도 왕관을 뜻하는 Crown이다. 관부에서 분얼경, 포복경, 지하경이 출현한다. 분얼경은 위로 자라지만, 포복경과 지하경은 옆으로 자란다. 포복경이나 지하경은 옆으로 자라면서 생기는 마디에 잎, 줄기, 뿌리가 발생한다. 하나의 마디에서 잎, 줄기, 뿌리가 발생하면 독립된 식물체가 된다. 원래의 식물체(엄마 식물체, Mother plant)와 똑같은 유전정보를 갖는 딸 식물체(Daughter plant)가 생기는 것이다. 많은 종류의 잔디가 엄마 식물체로부터 딸 식물체가 계속 생기는 방식으로 지면을 피복해 나간다. 그러면서 잔디밭은 완성된다.

잔디의 꽃은 줄기인 화경에서 출현한다. 높이가 짧게 유지되는 정원이나 스포츠 경기장 잔디에서 꽃을 보기는 매우 어렵다. 하지만 자르지 않고 그대로 키우면 꽃을 볼 수 있다. 화경에 꽃이 배열되어 있는 상태인 화서(꽃차례, Inflorescence)는 잔디 종류에 따라 다르다. 켄터키 블루그래스처럼 원통 모양의 원추화서가 있는가 하면, 들잔디는 총상화서(Spikelike raceme)로 꽃이 배열한다.

용어 알아보기

· 관부(冠部, Crown): 잔디의 지상부와 지하부를 연결하는 생장점 부위이다. 왕관 모양을 닮아 영어로 Crown이다. 관부에서는 잎, 줄기, 뿌리가 발생한다.

· 답압(踏壓, Trampling, Traffic): 가축, 사람, 장비 등에 의해서 잔디 표면에 가해지는 압력을 말한다.

· 부정근(不定根, Sdventitious root): 줄기나 잎 따위에 나는 잔뿌리를 말한다. 잔디에서는 유묘가 형성되면서 발달하는 관부 또는 곁가지의 마디에서 형성된다.

· 생장점(生長點): 식물의 줄기나 뿌리 끝에 있으며 세포 분열을 활발하게 하여 식물이 자라게 하는 부분을 말한다. 잔디는 관부에도 생장점이 있다.

· 지피성(地被性, Ground cover): 땅을 덮고 자라는 성질을 말한다. 잔디와 같은 식물을 지피식물이라고 한다. 지피식물을 심으면 토양의 유실, 잡초의 발생, 모래의 비산을 방지하는 데 도움이 된다.

▶ 라운딩(Rounding)? 라운드(Round)?

골프 규칙 2023년도 판에 "라운드는 위원회에서 정한 순서대로 18개(또는 그 이하)의 홀을 플레이하는 것"이라고 규정되어 있다. 라운드는 코스를 돌며 플레이하는 것을 말한다. 보통 18홀 코스에서 플레이 하는 것을 '1 라운드'라고 한다. "Round"는 "돌다" 또는 "한바퀴"라는 의미의 동사 또는 명사이고, "Rounding"은 "둥글어지는" 또는 "회전하는" 의미의 형용사이다. "Rounding"은 골프 플레이를 의미하지 않는다. 마치 "역전앞"처럼 겹말이라 할 수 있다. 따라서 "Round"에 "ing"를 붙일 필요가 없다. 하지만 골퍼들은 "라운드"보다 "라운딩"을 더 많이 사용한다. 마치 옳은 표현인 "자장면" 대신에 "짜장면"이 많이 쓰이다가 바른말이 된 것처럼 "라운딩"도 앞으로 그렇게 될지 모른다.

▶ 티업(Tee up)과 티오프(Tee off)의 차이는?

티업은 티잉 그라운드에서 티(Tee)에 공을 올려놓는 행위를 말한다. 티오프는 첫 홀에서 공을 처음 치는 것으로 경기시작을 의미한다.

잔디는 식물이다. 잔디는 주변의 나무나 꽃처럼 한 그루 식물체의 모습으로 보기 어렵다. 낮은 높이로 자라고 밀도가 높아서 식물체 하나의 상태로 보기 쉽지 않기 때문이다. 이 책을 읽는 가드너들은 아이들과 함께 잔디 식물체를 볼 수 있는 시간을 가져보자. 생육기 중에 옆으로 자라는 포복경을 떼어내서 가까이 보면 잎, 줄기, 뿌리를 확인할 수 있다. 땅에 갓 박은 줄기를 보면 더욱 확실하다. 잔디밭 가장자리에 있는 잔디 일부는 자르지 말고 그대로 키우는 것도 좋다. 시간이 흐르면서 잔디는 꽃을 피울 것이다. 아이들은 잔디가 어느 식물과도 다르지 않다는 것을 배울 수 있을 것이다.

3. 잔디는 언제 골프장에 도입되었을까?

본문 미리보기

잔디는 목축업이 발달한 유럽의 목초지에 있는 화본과 식물에서 유래되었다. 풀이 많은 언덕에서 가축들의 방목에 의해 먹이로 뜯기고 발자국에 견딘 화본과 식물이 스포츠 경기나 정원 잔디로 이용된 것이다. 1744년 골프 규칙이 제정된 이후에 잔디 연구자들은 골프 코스 용도별로 적합한 잔디의 선발과 육종을 진행해 왔다. 그런 노력 덕분에 전 세계 골프장에는 다양한 잔디 종류가 사용되고 있다. 우리나라 골프장은 1929년에 최초로 조성되었다. 지금은 전국에 500개가 넘는 골프장이 있다. 골프인구는 약 500만 명이고 연인원 4,600만 명이 골프장을 찾는다. 우리나라 골프장에서는 10종 내외의 잔디가 사용되고 있다.

골프의 기원은 스코틀랜드 지방에서 양을 기르던 목동들이 나뭇가지로 돌맹이를 치는 민속놀이가 골프로 발전되었다는 설, 네덜란드에서 어린이들이 실내에서 즐겨하던 콜프(Kolf)라는 경기에서 비롯되었다는 설, 중국에서 간행된 고서의 그림과 규정집에 근거한 중국 기원설 등이 있다. 일반적으로 받아들여지는 골프의 기원은 15세기에 네덜란드에서 골프와 유사한 게임을 했고, 일부 네덜란드 선원과 상인들에 의해서 스코틀랜드에 도입되었다는 설이 가장 많이 받아들여진다.

골프의 용어와 규칙은 스코틀랜드 목동들과 관계가 깊다. 스코틀랜드 목동들은 양떼를 돌보면서 끝이 구부러진 나무 막대기로 돌을 쳐서 들토끼가 파놓은 구멍에 넣는 놀이를 즐겼다고 전해진다. 그들이 사용하던 단어는 지금의 골프 용어와 매우 일치한다. 골프(Golf)는 스코틀랜드의 오래된 말(고어)로 "치다"인 고프(Gouft)가 그 어원이다. 스코틀랜드 북쪽 해안에는 화본과 식물과 잡목이 우거진 링크스(Links)라 불리는 작은 언덕의 지형이 있다. 그곳에는 들토끼가 많이 서식한다. 목동들은 링크스에서 들토끼가 잔디를 깎아 먹으면서 평탄하게 된 지점을 그린(Green), 목동들이 키우던 양떼들이 밟아 평탄해진 넓은 길을 페어웨이(Fair way)라고 불렀다. 이때의 용어가 현대 골프장의 그린과 페어웨이가 되었다. 스코틀랜드에서 골프가 시작된 후 1744년에 첫 번째 규칙이 제정되면서 오늘날의 골프 코스로 발전한 것으로 알려진다(그림 1-6).

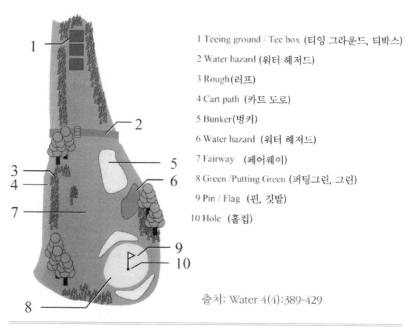

1 Teeing ground / Tee box (티잉 그라운드, 티박스)
2 Water hazard (워터 헤저드)
3 Rough(러프)
4 Cart path (카트 도로)
5 Bunker(벙커)
6 Water hazard (워터 헤저드)
7 Fairway (페어웨이)
8 Green /Putting Green (퍼팅그린, 그린)
9 Pin / Flag (핀, 깃발)
10 Hole (홀컵)

출처: Water 4(4):389-429

그림 1-6 골프 코스를 구성하는 각 지점은 유래를 달리한 명칭을 갖고 있다. 어떻게 코스를 구성하느냐에 따라 골프의 재미와 난이도가 달라진다.)

그럼 잔디는 골프장에 어떻게 도입되었을까? 잔디는 목축업이 발달한 유럽의 목초지에서 유래되었다고 알려진다. 유럽에서 소, 말, 양, 염소 등의 가축은 목초지에 방목하며 사육된다. 목초지에서 자라고 있던 화본과 식물들은 가축이 이동하면서 가해지는 무게에 눌리고 먹이로 뜯기면서 자연스럽게 답압과 낮은 예고에 견디며 적응하게 된다. 이후에 가축들은 사람들의 집 가까운 곳에서 방목되거나 사육되기 시작하면서 화본과 목초도 집 주변으로 가축과 함께 오게 되었다. 자연스럽게 목초지 잔디는 사람들의 일상과 가까워지게 된다. 이때 가축의 방목 환경에 적응한 화본과 목초가 운동경기장에 식재되면서 잔디로 이용된 것이다. 이후에 잔디가 골프에도 도입된다. 지금은 잔디 육종이 발달하면서 골프장 코스에서 용도에 맞게 다양한 종류가 사용되고 있다. 지금도 페레니얼 라이그래스와 같은 화본과 식물은 잔디와 목초 둘 다 사용된다.

1830년 영국인 섬유 엔지니어인 에딘 버딩(Edwin Budding)은 세계 최초로 잔디 깎는 기계(Mower)를 개발한다. 이때까지 잔디밭 잔디의 높이는 가축들의 방목을 통해 입으로 뜯게 하거나 또는 사람이 직접 낫으로 자르던 방식으로 짧게 유지했다. 하지만 잔디 예초기가 개발되면서 예초 방식은 기계식으로 바뀌게 된다. 1900년에 미국에서 동력으로 작동되는 예초기를 개발함으로써 보다 큰 면적을 손쉽게 관리할 수 있게 된다. 1971년 잔디밭에 물을 뿌릴 수 있는 스프링클러가 개발되어 건조에도 대비할 수 있게 되었다. 이때부터 잔디밭 품질은 크게 향상된다. 지금의 골프장에는 수십 종류의 장비가 코스관리에 사용되고, 수천만 원을 호가하는 첨단 장비도 수두룩하다(그림 1-7).

골프와 가드너를 위한 잔디밭 사계

그림 1-7 잔디 잎과 줄기를 자르는 장비인 승용식 예초기. 골프장 코스관리동에는 잔디 및 수목 관리에 필요한 수많은 장비가 구비되어 있다.

그럼 전 세계에는 얼마나 많은 골프장이 있을까? 세계 최초로 조성된 18홀 정규 코스는 스코틀랜드 세인트 앤드류스에 위치한 Royal and Ancient Golf Club이다. 2021년 영국왕립골프협회에서 작성한 보고서에 따르면, 미국은 14,139개, 영국 2,660개, 일본 2,202개, 호주 1,501개, 한국 447개(18홀로 환산할 때 520개), 뉴질랜드 339개, 태국 235개, 베트남 80개가 운영 중이다. 우리나라 최초의 골프장은 1921년 6월 서울에서 준공된 효창원골프장이다. 3년 후 효창원 골프장은 일부가 효창공원으로 바뀌면서 폐쇄되고 만다. 2002 한일 월드컵 이후 2010년 전후까지 골프장이 많이 조성되었고, 2022년 기준 우리나라 골프장수는 541개(대중골프장 349, 회원제골프장 156, 군(경찰) 골프장 36개)에 이른다. 대부분의 골프장이 내륙의 산악지역을 끼고 조성되어 있어서 "파크랜드(Parkland) 코스"에 해당된다. 우리나라 골프인구는 2000년대 들어서 500만 명을 넘었으며, 2023년 현재 연인원 4,600만 명 이상의 내장객이 골프장을 찾는다.

잔디 종류는 그 나라가 어느 기후대에 위치해 있느냐에 따라 다르다.

우리나라 골프장에서는 자생잔디인 조이시아 속의 들잔디와 금잔디 그리고 외국잔디인 켄터키 블루그래스, 크리핑 벤트그래스, 버뮤다그래스 등 대략 10종 내외의 식물이 잔디로 사용되고 있다. 잔디는 골프장에서 식물학적 특성 및 해당 지역의 기후 조건 등에 따라 선택되어 이용되고 있다. 티잉 그라운드와 페어웨이에는 주로 들잔디와 켄터키 블루그래스가 이용되고 일부 골프장에서 금잔디, 크리핑 벤트그래스, 버뮤다그래스가 식재되어 있다. 우리나라 골프장 퍼팅그린에는 거의 대부분이 크리핑 벤트그래스가 식재되어 있다.

용어 알아보기

조이시아 속 잔디(Zoysia spp.): 학명 중 속명 이름을 따서 조이시아그래스(Zoysiagrass) 또는 조이시아 속 잔디라고 부른다. 조선잔디는 옳은 표현이 아니다. 우리나라, 중국, 일본, 필리핀 및 대만 등 동아시아가 원산지인 다년생 초종이다. 조이시아 속 잔디에는 들잔디, 금잔디, 비단잔디, 왕잔디 및 갯잔디 등이 있다. 우리나라에서 자생하기 때문에 한국잔디라고 불린다. 하지만 정확하게는 조이시아 속 잔디가 맞다. 조이시아 속 잔디는 종류에 따라서 크기, 엽폭, 밀도, 생육속도와 내한성 등이 상당히 다르다. 잎 너비가 넓은 들잔디(Korean lawn grass)는 지상부 밀도(단위면적당 줄기의 수)는 낮지만 추위에 강하고 잘 자란다. 우리나라 전역에서 볼 수 있다. 잎 너비가 가장 좁은 비단잔디(Korean temple grass, Korean velvet grass)는 지상부 밀도는 가장 높지만 내한성이 아주 약하고 느리게 자란다. 금잔디(Manila grass, Korean grass)는 엽폭, 지상부 밀도, 생장력 및 내한성 등에서 들잔디와 비단잔디의 중간 정도 특성을 갖고 있다. 금잔디는 제주도와 남해안 해안가 지역에 분포하고, 비단잔디는 제주 일부 지역에서 볼 수 있다. 왕잔디 및 갯잔디는 남부지방 바닷가 근처에서 볼 수 있다.

골퍼를 위한 TIP!

▶ 골프 코스의 구성과 규모는?

골프 코스는 18홀로 구성되며, 티샷을 하는 티잉 그라운드, 세컨드 샷을 하는 페어웨이, 퍼팅을 하는 퍼팅그린 등 크게 세 가지로 구분된다. 여기에 벙커나 연못, 나무, 수풀 등 자연 장해물 구역을 만들어 난이도를 높이는 해저드가 있다.

· 티잉 그라운드(Teeing ground): 티샷을 하는 장소이다. 티박스(Tee box)라고도 부른다. 자신의 핸디에 따라 적당한 티잉 그라운드 장소를 선택해야 한다. 보통 백 티에서는 프로나 싱글 골퍼,

골프와 가드너를 위한 잔디밭 사계

레귤러 티에서는 일반 남성 골퍼, 레이디 티에서는 여성 골퍼가 티 샷을 하는 것이 원칙이다. 일반적으로 100㎡ 이상이어야 한다.

· 페어웨이(Fairway): 티잉 그라운드와 퍼팅그린 중간 지점을 말한다. 페어웨이를 벗어나면 잔디 길이가 긴 러프(Rough)가 펼쳐진다. 러프 바깥쪽에는 오비(Out of Bounds, OB) 말뚝이 있다. 오비 말뚝은 보통 흰색으로 표시하는데, 이곳을 벗어나면 2벌타를 받는다. 페어웨이 안에는 거리목이 있다. 일반적으로 세 줄 표시는 홀컵까지 200m, 두 줄 표시는 150m, 한 줄 표시는 100m가 남은 것을 의미한다.

· 퍼팅그린(Putting green): 그린이라고도 한다. 공이 잘 구를 수 있게 잔디를 아주 낮게 깎아 놓은 원형이나 타원형의 공간이다. 그린 중앙이나 가장자리에 퍼터로 공을 굴려 넣는 홀컵이 있다. 하나의 그린으로 구성된 원 그린, 두 개의 그린으로 구성된 투 그린으로 나뉜다. 퍼팅그린의 면적은 보통 500㎡ 내외가 된다.

· 헤저드(Hazard): 골프코스 내에 있는 연못이나 벙커 등의 장애물을 가리킨다. 헤저드에 공이 빠지면 1벌타를 받는다. 물이 있는 곳은 보통 워터 헤저드라 한다. 보통은 빨간색으로 워터 해저드 표시를 하고, 공이 해저드 구역 안에 있어도 칠 수 있는 상황이라면 클럽을 지면에 대지 않고 플레이를 할 수 있다. 벙커(Bunker)는 해저드의 한 유형으로서 그린 주변이나 페어웨이에서 잔디와 토양을 들어내어 움푹 꺼지게 만들고 모래로 채운 지점이다. 페어웨이 가장자리에 있는 사이드 벙커, 페어웨이 중앙에 있는 크로스 벙커, 그린 옆에 있는 그린 사이드 벙커로 나뉜다. 벙커에서는 클럽이 절대로 지면에 닿아서는 안 되고, 지면에 닿으면 2벌타를 받는다.

· 골프장 18홀은 파(Far)3 홀과 파4 홀 그리고 파5 홀 세 가지의 형태로 구성된다. 우리나라에 있는 골프장들은 일반적으로 18홀, 27홀, 36홀, 54홀, 72홀로 이루어져 있다. "라운드(라운딩)를 한다"는 것은 18홀을 플레이하는 것을 말한다. 그래서 18홀을 정규홀이라고도 한다. 정규홀은 파3 홀, 파4 홀, 파5 홀을 모두 합쳐서 18개의 홀로 이루어져 있다. 기준 타수인 72타는 모든 홀에서 파를 잡았을 때 나오는 스코어로, 72타보다 적게 치면 언더파, 72타보다 많이 치면 오버파가 된다.

· 파3 홀은 보통 남성 골퍼들을 대상으로는 229m 이하, 여성은 192m 이하의 길이로 만들어진다. 보통 18홀 중에 전반 9홀과 후반 9홀에 각각 두 개의 파3 홀이 있다. 파3 홀에서 티샷을 포함해서 세 번에 홀인을 하면 "파"가 되고, 한 번에 홀인하면 홀인원이다.

· 파4 홀은 보통 남성 골퍼 대상으로 230~430m, 여성은 190~336 m의 길이로 조성된다. 파4 홀에서는 티 샷을 한 공을 페어웨이에 떨어뜨린 후 두번째 샷으로 그린을 공략한다. 18홀 중에서는 보통 10개의 홀이 파4 홀로 구성된다. 파4 홀은 티샷을 포함해서 세 번에 걸쳐 홀인을 하게 되면 "버디", 두 번에 걸쳐 홀인을 하게 되면 "이글"이라고 한다.

· 마지막으로 파5 홀은 보통 남성 골퍼 대상으로 431m 이상, 여성은 367~526m의 길이로 이루어진다. 일반적으로 티 샷을 한 후 두 번째 샷이나 세 번째 샷을 한 공이 그린에 올라간다. 파5 홀은 전반 9홀과 후반 9홀에 각각 두 개씩 배치된다. 만약 파5 홀에서 티샷을 포함해서 두 번에 홀인한다면 "앨버트로스"가 된다.

▶ 파크골프는 어떻게 다를까?

파크골프는 Park(공원)와 Golf(골프)를 합성한 용어이다. 1980년대 일본에서 시작된 스포츠로

1990년대 우리나라에 도입되었다. 골프장에 비해 매우 작은 크기인 3~4천 평 내외의 9홀이나 6천 평 내외의 18홀 잔디밭에서 골프와 매우 유사한 장비(클럽과 공 등)와 규칙으로 하는 운동 경기를 말한다. 파크골프는 골프에 비해 공(6㎝, 80~95g)이 크고 무거우며 클럽의 로프트 각도가 낮아 공을 높게 띄우기가 어려워서 비교적 안전한 운동이다. 그러한 장점 때문에 우리나라에서는 노인층이 주로 참여하는 스포츠로 알려져 있다. 파크골프가 골프에 비해 운동에 소요되는 시간이 훨씬 짧고 비용도 훨씬 낮아 남녀노소 모두에게 부담스럽지 않기 때문에 최근에 가족 스포츠로 자리잡아 가고 있다.

파크골프장 18홀의 정규코스는 보통 12,000㎡(약 6,200평) 이상의 평지에서 조성되며, 일반 골프와 같이 파3 홀, 파4 홀, 파5 홀로 구성되어 있다. 홀마다 티잉 그라운드, 페어웨이, 벙커, OB 지역, 러프, 그린으로 골프장과 그 구성이 동일하다. 파크골프장은 보통 티잉 그라운드, 퍼팅그린, 벙커를 제외하고 모두 잔디로 식재되어 있다. 티잉 그라운드와 그린은 보통 인조잔디로 피복되어 있다.

우리나라에서 파크골프장은 2021년 2월 현재 305개 설치되어 있으며, 주로 거주민 접근성이 뛰어난 유휴지 하천변이나 도심 내에 공원에 위치해 있다. 파크골프에 소요되는 비용은 보통 무료거나 1만 원 내외로 저렴하다. 파크 골프 규칙은 골프와 용어나 경기방식도 매우 유사하다. 클럽은 1개만 사용한다. 티샷으로 시작해 페어웨이를 거쳐 퍼팅으로 홀아웃을 한다. 스코어를 기록하는 방법도 골프와 동일하다.

가드너를 위한 TIP!

골프는 우리나라에서 가장 큰 스포츠 산업을 가진 종목이다. 전문가들은 2023년 약 9.2조 원의 골프산업규모에 이를 것으로 예상한다. 골프장, 골프 클럽, 골프장 코스 관리(잔디, 비료, 농약, 장비 등), 스포츠 웨어 등 분야도 다양하다. 이미 알려진 것처럼 우리나라 골프선수들의 실력은 세계 최정상급이다. 그래서 우리나라 곳곳의 골프장에서는 겨울 혹한기를 제외하고 남녀 프로 골프대회가 거의 매주 열린다. 골프에 관심이 있는 가드너들이라면 아이들과 함께 가족 나들이로 골프장을 향해도 좋다. 프로선수들의 골프 실력을 볼 수 있지만, 코스의 잔디를 보는 것도 큰 즐거움이 될 수 있다. 아이들을 위한 행사가 열리는 대회도 있다. 남녀골프협회 홈페이지에서 대회 일정의 확인이 가능하다. 대회에 따라서 무료입장도 할 수 있다.

4. 양잔디? 조선잔디?
어떻게 불러야 할까?

본문 미리보기

골프장 잔디를 서양잔디나 조선잔디로 부르는 것은 정확하지 않거나 부족한 표현이다. 서양잔디가 모두 추위에 강한 것은 아니다. 잔디는 일반적으로 난지형 잔디와 한지형 잔디로 분류한다. 원산지가 따뜻한 곳인가 추운 지역인가에 따라 분류한 방식이다. 우리나라 골프장에서 흔히 사용되는 난지형 잔디로는 들잔디, 금잔디, 버뮤다그래스 등이 있고, 한지형 잔디로는 크리핑 벤트그래스, 켄터키 블루그래스, 페레니얼 라이그래스 등이 있다. 서양잔디에는 난지형 잔디도 있고 한지형 잔디도 있다. 동양잔디라는 명칭도 없고 조선잔디라는 잔디 이름이나 품종도 없다.

골퍼들이 말하는 양잔디는 서양잔디를 의미한다. 골프장에서 흔히 볼 수 있다. 사계절 녹색잔디로 알려진 크리핑 벤트그래스나 켄터키 블루그래스가 대표적이다. 서양잔디는 서양이 원산지이고 서양에서 주로 수입해서 그런 용어가 나왔다. 하지만 정확한 표현은 아니다. 버뮤다그래스와 같은 서양잔디는 추위에 약해서 겨울에는 잎이 갈색으로 변하며 휴면에 들어간다. 조선잔디도 옳은 표현이 아니다. 한국잔디(Korean lawn grass)는 들잔디의 영명을 번역한 표현이다. 우리나라에 자생하고 있는 잔디는 들잔디 외에도 여러 종의 잔디가 더 있다. 그래서 조이시아 속 잔디라고 표현해야 맞다. 잔디를 분류하는 방법은 다양하지만 보통 난지형 잔디와 한지형 잔디로 분류한다(그림 1-8). 원산지가 따뜻한 곳인지 추운 곳인지에 따른 분류방법이다. 비교적 따뜻한 지역 태생인 난지형 잔디는 추운 지역

이 원산지이기 때문에 여름에 잘 자라고, 한지형 잔디는 추운 지역이 원산지이기 때문에 봄과 가을에 잘 자란다.

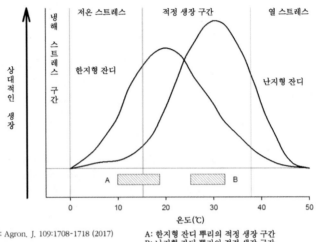

출처: Agron. J. 109:1708-1718 (2017)

A: 한지형 잔디 뿌리의 적정 생장 구간
B: 난지형 잔디 뿌리의 적정 생장 구간

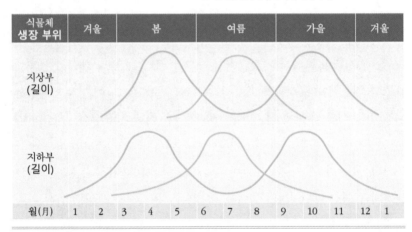

그림 1-8 난지형 잔디와 한지형 잔디의 온도별 생육 및 스트레스 구간 그림(위쪽 그림). 오른쪽 그래프가 난지형 잔디, 왼쪽 그래프가 한지형 잔디를 가리킨다. 난지형 잔디가 한지형 잔디에 비해 적정 생장 온도가 높다. 그림 하단 부분의 빗금으로 된 박스(A와 B)는 각각 한지형 잔디와 나지형 잔디의 뿌리 생장 구간을 가리킨다. 아래쪽 그림은 난지형 잔디(주황색 선)와 한지형 잔디(파란색 선)의 계절별 생육 모식도이다. 난지형 잔디는 따뜻한 여름철에 잘 자라고, 한지형 잔디는 봄과 가을의 서늘한 기후에서 잘 자란다. 두 종류의 잔디 모두 지상부(잎과 줄기)보다 지하부(뿌리)가 일찍 자라기 시작하고 늦게까지 생장을 지속한다.

난지형 잔디(Warm season grass)

우리나라 자생 잔디인 들잔디, 금잔디, 비단잔디, 갯잔디, 왕잔디는 난지형 잔디로 조이시아(Zoysia) 속(Genus)에 속한다(그림 1-9). 잎의 길이와 폭등 식물 특성에 따라 들잔디, 금잔디, 비단잔디, 갯잔디, 왕잔디로 분류한다. 조이시아그래스(Zoysiagrass)라고도 불린다. 외국잔디인 버뮤다그래스도 난지형 잔디에 속한다. 우리나라 골프장에서 가장 많이 사용되는 대표적인 난지형 잔디는 들잔디이다. 그리고 일부 골프장에서 금잔디와 외래식물인 버뮤다그래스도 사용하고 있다. 이들이 생육에 적합한 온도는 27~35℃로 여름철에 잘 자란다. 난지형 잔디는 한지형 잔디보다 휴면에 빨리 들어가기 때문에 녹색기간이 짧다.

조이시아 속 잔디(Zoysiagrass)

우리나라에서 자생하는 조이시아 속 잔디는 들잔디, 금잔디, 비단잔디, 왕잔디, 갯잔디가 있다. 들잔디의 원산지는 우리나라, 일본, 중국 등이다. 들잔디는 추위에 강하고 토양적응성이 높으며 빠르게 자라서 골프장, 공원, 묘지, 도로변, 학교운동장 등 전국 어디서나 볼 수 있다. 금잔디는 추위에 약해서 제주도와 경상도, 전라도 일부 해안 지방에서 볼 수 있다. 요즘에 금잔디는 한반도 온난화로 경기도와 강원도 해안과 인접한 지역에서도 안전하게 월동이 가능하다. 금잔디는 들잔디에 비해서 엽폭이 좁아서 섬세한 질감을 느낄 수 있고 지상부 밀도도 훨씬 높다(그림 1-9). 동남아시아나 일본 남부 지역에서 골프장 퍼팅 그린에서 흔히 사용한다. 우리나라

그림 1-9 조이시아 속 잔디. 대표적으로 들잔디(위쪽 사진)와 금잔디(아래쪽 사진)가 있다. 들잔디는 우리나라 전역에서 자생하며 주변에서 흔히 볼 수 있다. 금잔디는 추위에 약해서 제주도와 경상도와 전라도 등 남부 해안 지방에서만 자생한다.

에서는 일부 골프장에서 볼 수 있지만, 정원, 화단 등에서 주로 사용되고 있다.

비단잔디는 최근에 제주지역에서 발견되었다고 보고된 바 있다. 금잔디보다 엽폭이 더 좁아 섬세하지만, 추위에 아주 약해서 내륙에서는 발견되지 않는다. 왕잔디는 남부 지역 해안가 모래 토양, 갯잔디는 남부지역 해안 갯벌에서 볼 수 있다. 왕잔디와 갯잔디는 지상부 밀도가 낮거나 깎을 수 있는 높이가 높아서 그 자체로 상용화되지는 않았지만, 육종에서 교배 재료로 사용되고 있다. 많은 사람들이 알고 있는 중지(中芝)는 들잔디를 가리키는 말이다. 들잔디보다 엽폭이 좁고 빠른 성장을 한다. 조이시아 속 잔디 중 들잔디와 금잔디가 골프장 티잉 그라운드와 페어웨이 등에서 사용된다. 조이시아 속 잔디는 종간에 교배가 가능하고 자연 상태에서 개체 간에 타가수정도 이루어질 수 있기 때문에 변이도 발견된다. 그래서 일부 중지는 분류학적으로 애매한 경우도 있다. 우리나라에서는 형태적으로 다양한 중지 계통이 품종으로 등록되어 골프장에서 사용되고 있다. 들잔디와 금잔디는 포복경과 지하경을 모두 만들어 옆으로 퍼질 수 있기 때문에 포복/지하경형 잔디에 속한다.

버뮤다그래스(Bermuda grass)

버뮤다그래스(한글이름: 우산잔디)는 온대나 아열대 지역에서 자생하는 난지형 잔디이다. 다른 잔디 종류에 비해서 더위와 건조에 강한 종류의 잔디이다. 커먼(Common) 버뮤다그래스와 하이브리드(Hybrid) 버뮤다그래스가 있다(그림 1-10). 두 종류 모두 우리나라에서 발견되는 외래종이다. 커

그림 1-10 커먼 버뮤다그래스(위쪽 사진)와 하이브리드 버뮤다그래스(아래쪽 사진). 커먼 버뮤다그래스는 추위에 강해서 우리나라 전역에서 발견된다. 하지만 하이브리드 버뮤다그래스는 추위에 약해서 제주도와 경상도 그리고 전라도 남부 해안 지방에서 볼 수 있다. 커먼 버뮤다그래스의 줄기가 하이브리드 버뮤다그래스의 줄기에 비해 굵고 거칠다.

골프와 가드너를 위한 잔디밭 사계

먼 버뮤다그래스는 추위에 강해서 전국 각지에서 볼 수 있고 월동도 가능하다. 들잔디나 켄터키 블루그래스 잔디밭에 침입해서 미관을 떨어뜨리기 때문에 이종잔디 잡초로 취급된다. 전국 잔디 정원의 골칫거리이기도 하다. 하이브리드 버뮤다그래스는 추위에 약해 남부지방의 해안과 가까운 지역에서만 월동이 가능하다. 하이브리드 버뮤다그래스의 잎과 줄기는 섬세한 질감을 가지고 있어서 남부 지역의 일부 골프장 퍼팅그린, 티잉그라운드, 페어웨이 등에서 사용된다. 동남아 지역에 있는 골프장 퍼팅그린에서 흔히 볼 수 있다. 버뮤다그래스는 포복경과 지하경을 만들 수 있어서 포복/지하경형 잔디에 속한다.

한지형 잔디(Cool season grass)

골프장에서는 다양한 종류의 한지형 잔디가 사용된다. 잔디 종에 따라 차이가 있지만, 대부분의 한지형 잔디는 유라시아와 같은 추운지방이 원산지이다. 한지형 잔디의 생육 적온은 15~24℃로 서늘한 기온과 햇빛이 잘 들고 배수가 잘되는 토양에서 생육이 좋다. 우리나라 기후에서는 봄과 가을에 잘 자라지만, 여름에는 생육에 어려움을 겪는다. 우리나라 골프장에서 많이 사용하는 한지형 잔디는 켄터키 블루그래스, 크리핑 벤트그래스, 페레니얼 라이그래스, 톨훼스큐 등이 있다.

켄터키 블루그래스(Kentucky bluegrass)

우리나라에서 켄터키 블루그래스(한글이름: 왕포아풀)는 잎의 녹색기간이 길고 빠르게 자라기 때문에 골프장, 스포츠 경기장이나 정원 등 다양한 곳에서 볼 수 있다(그림 1-11). 대부분의 월드컵경기장과 프로야구장 그리고 많은 골프장의 티잉 그라운드나 페어웨이에서 식재되어 있다. 약산성 토양과 낮은 온도 그리고 습한 기후를 좋아하는 잔디 종이다. 켄터키 블루그래스는 양분이 많고 배수가 잘 되는 토양에서 잘 자란다. 포복경은 만들지 않고 지하경으로 주변에 퍼지기 때문에 지하경형 잔디에 속한다.

그림 1-11 켄터키 블루그래스. 우리나라에서 골프장 티잉 그라운드나 월드컵경기장, 프로야구장, 정원 잔디 등에서 사용된다. 작은 사진에서 토양 속으로 위로 올라가는 하얀 줄기가 지하경이다.

골프와 가드너를 위한 잔디밭 사계

크리핑 벤트그래스(Creeping bentgrass)

크리핑 벤트그래스(한글이름: 흰겨이삭)는 지상부 밀도가 높고 아주 낮은 예고에서도 잘 자라기 때문에 골프장 퍼팅그린에서 주로 사용된다(그림 1-12). 잔디의 잎과 줄기의 질감이 매우 좋은 종이다. 수평으로 퍼지는 줄기인 포복경이 아주 잘 자라기 때문에 피해로부터 회복력도 높다. 크리핑 벤트그래스는 토양 적응성은 높은 편이나 보수력과 통기성이 좋은 조건을 좋아한다. 생육이 좋은 봄과 가을에는 물과 비료가 많이 필요하다. 크리핑 벤트그래스는 지하경을 만들지 않고 포복경으로만 주변으로 퍼지기 때문에 포복경형 잔디에 속한다.

그림 1-12 크리핑 벤트그래스. 아주 낮게 깎아도 잘 자라기 때문에 우리나라 거의 대부분의 골프장 퍼팅그린에서 볼 수 있다. 작은 사진 속에서는 포복경이 옆으로 자라는 크리핑 벤트그래스 식물체를 볼 수 있다.

페레니얼 라이그래스(Perennial ryegrass)

페레니얼 라이그래스(한글이름: 호밀풀)는 잎이 가늘고 부드러우며, 윤기가 나는 편이다(그림 1-13). 페레니얼 라이그래스는 종자의 발아속도가 다른 잔디 종류에 비해 매우 빨라서 빠른 조성이 필요한 잔디밭에서 유용하다. 단독으로 사용하기보다는 켄터키 블루그래스 등 다른 잔디 종류와 혼합해서 티잉 그라운드와 페어웨이를 만드는 데 많이 사용된다. 추위에 강하기 때문에 가을에 들잔디 페어웨이에 덧파종해서 겨울 잔디밭을 녹색으로 유지하는 데 이용하기도 한다. 하지만 우리나라의 여름철 높은 습도와 온도에서는 매우 약한 특성을 보인다. 페레니얼 라이그래스는 포복경과 지하경을 만들지 못한다. 그래서 주형 잔디에 속한다.

그림 1-13 페레니얼 라이그래스. 다른 종류의 잔디에 비해 발아속도가 매우 빠른 종이다. 추위에 강하지만 여름철의 높은 온도와 습도에서는 약한 특성을 갖고 있다. 주형잔디이기 때문에 옆(수평줄기)으로 퍼지지 못하는 한계를 갖고 있다.

골프와 가드너를 위한 잔디밭 사계

톨훼스큐(Tall fescue)

톨훼스큐(한글이름: 큰김의털)는 엽폭이 넓고 거칠어 질감이 떨어진다(그림 1-14). 수평 줄기가 없거나 발달이 늦어서 잔디밭이 피해를 입었을 때 회복력이 매우 떨어지는 편이다. 그래서 주로 골프장 러프나 경사면 등에 주로 식재된다. 한지형 잔디 중에서는 톨훼스큐가 비교적 고온과 건조에 대한 저항성이 강한 편이다. 그늘에도 강한 특성을 갖고 있다. 그래서 잔디밭 정원 가장자리나 그늘에서 유용하다. 톨훼스큐는 원래 주형 잔디에 속하나, 최근에 외국에서 개발한 지하경을 만드는 품종이 시판되고 있어 지피성이 크게 향상되었다.

그림 1-14 톨훼스큐. 엽폭이 넓어 질감이 떨어지지만, 고온과 건조에 매우 강한 종이다. 작은 사진 속 톨훼스큐 식물체는 포복경과 지하경을 만들지 못하기 때문에 옆으로 퍼지지 못하고 총생 형태로 수직줄기(분얼경)만 불어나 있다.

[표 1] 잔디 종류별 생육형

구 분	잔디 이름	생육형	잔디밭 형성 속도	잔디밭 피해 회복속도
난지형 잔디	들잔디	포복/지하경형 잔디	보 통	보 통
	금잔디	포복/지하경형 잔디	보 통	보 통
	버뮤다그래스	포복/지하경형 잔디	빠 름	빠 름
한지형 잔디	크리핑 벤트그래스	포복경형 잔디	빠 름	빠 름
	켄터키 블루그래스	지하경형 잔디	빠 름	빠 름
	페레니얼 라이그래스	주형잔디*	빠 름	느 림
	톨훼스큐	주형잔디 (일부 지하경형 잔디)	보 통	느 림

* 주형 잔디는 포복경과 지하경을 만들지 않고 분얼경으로만 자란다. 생육형과 관계 없이 모든 잔디 식물체에서는 분얼경과 화경(꽃차례)이 발생한다. 잔디밭 형성속도는 파종을 통해 만드는 잔디밭이나 뗏장을 의미한다. 잔디밭 피해 회복속도는 이웃 식물이 줄기를 뻗어서 회복하는 속도를 말한다.

용어 알아보기

· 생육형(生育型, Growth type): 줄기가 자라는 형태이다. 생장형이라고도 한다. 잔디 줄기에는 관부에서 분얼과정을 통해 형성되는 분얼경(Tiller), 땅속에서 잎의 기부를 뚫고 옆으로 자라는 지하경(Rhizome)과 땅 위에서 포복하는 방식으로 자라나는 포복경(Stolon)이 있다. 잔디 생육형은 분얼경으로만 자라는 주형(Bunch-type, B-type), 분얼경과 포복경으로 자라는 포복경형(Stoloniferous-type, S-type), 분얼경과 지하경으로 자라는 지하경형(Rhizomatous-type, R-type), 분얼경·지하경·포복경으로 자라는 포복·지하경형(Stoloniferous/Rhizomatous-type, S/R-type) 4 종류로 구분된다.

· 이종(異種)잔디: 잔디밭에 다른 종의 잔디나 원하지 않는 종류의 잔디가 침입해서 자라는 것을 말한다. 골프장에서는 형태적인 특성이 다른 이종잔디가 침입하면 보기에 흉하기 때문에 방제에 노력을 기울인다.

골프와 가드너를 위한 잔디밭 사계

그림 1-15 잔디의 수평 줄기인 포복경(위쪽 사진)과 지하경(아래쪽 사진). 들잔디가 수평줄기인 포복경을 뻗어 땅 위로 퍼지고 있다. 들잔디는 수직줄기인 분얼경과 또 다른 수평줄기인 지하경도 만든다(위쪽 사진). 반면에 켄터키 블루그래스는 지하경과 분얼경을 만들며 자란다(아래쪽 사진). 켄터키 블루그래스는 포복경을 만들지 못한다.

· 라이(Lie): 공이 정지한 지점과 그 공에 닿아있거나 그 공 바로 옆에 자라거나 붙어있는 모든 자연물·움직일 수 없는 장해물·코스와 분리할 수 없는 물체·코스의 경계물을 아우르는 지점을 말한다. 즉, 코스에서 플레이 한 공이 정지된 위치의 상황이다. 주로 퍼팅그린에서 공과 홀컵 사이의 퍼팅 조건을 의미하는 용어로 쓰인다.

· 로컬룰 (Local rules): 코스가 위치한 곳의 지리적 특성이나 계절적 변화 또는 코스의 특이한 시설 때문에 발생할 수 있는 상황에서 곤란에 빠질 수 있는 골퍼를 구제하기 위해 특별히 정한 규칙을 말한다. 예를 들어 겨울이 되어 윈터(Winter rules)룰을 적용하는 경우 그 적용시기가 일반적으로 로컬룰에 규정이 되어 있다. 보통 대한골프협회의 규칙을 적용한다.

· 루스 임페디먼트(Loose impediment): 골프 코스 안에 있는 자연적인 장애물을 말한다. 그린 위에 있는 돌, 나뭇잎, 나뭇가지 따위가 경기에 방해되면 루스 임페디먼트로 인정받아 이를 제거할 수 있다. 에어레이션 찌꺼기, 눈과 천연 얼음(서리는 제외)은 루스 임페디먼트에 해당된다. 하지만 토양에서 자라거나 붙어있는 상태(모래, 흙, 이슬, 서리 등)의 자연 장애물은 루스 임페디먼트에 해당되지 않는다.

· 캐주얼 워터(Casual water): 골프에서, 코스 내에 비 따위로 일시적으로 고인 물을 말한다. 캐주얼 워터를 만나면 홀에 가깝지 않은 지점으로부터 벌타 없이 1클럽 길이 이내로 드롭하면 된다. 미국골프협회와 영국왕립협회는 2019년 규칙부터는 캐주얼 워터를 템퍼러리 워터(Temporary water)로 바꾸었다.

우리나라 정원 잔디로는 들잔디를 추천한다. 자생종답게 우리 기후에 최적화되어 있다. 그래서 물과 비료를 적게 줘도 된다. 병충해에도 강하고 자주 잘라주지 않아도 된다. 녹색기간이 짧은 것은 흠이다. 하지만 들잔디의 단풍과 휴면색도 불만하다. 제주나 남부지방 또는 해안가 지역이라면 금잔디도 식재할 수 있다. 자생종인 금잔디는 들잔디와 생태적 특성이 비슷하지만 추위에 약하다는 것이 단점이다. 하지만 금잔디밭을 잘 유지하면 매우 아름다운 정원이 될 것이다. 강원도 평창처럼 고지대에 사시는 분들은 켄터키 블루그래스를 도전해도 좋다. 켄터키 블루그래스는 녹색기간이 길어서 잔디밭이 늘 생동감이 넘칠 수 있다. 대신에 켄터키 블루그래스 잔디밭을 좋은 상태로 유지하려면 부지런해야 한다. 자주 예초해야 하기 때문이다. 비료와 물은 많이 요구하는 것은 흠이다.

5. 잔디는 얼마나 낮게 자를 수 있을까?

본문 미리보기

잔디는 종류마다 잎, 줄기, 뿌리가 발생하는 생장점 높이가 다르다. 크리핑 벤트그래스나 버뮤다그래스는 생장점 높이가 매우 낮아서 아주 낮게 자를 수 있다. 톨훼스큐나 페레니얼 라이그래스는 그 높이가 높아서 크리핑 벤트그래스처럼 낮게 자르면 죽게 된다. 따라서 퍼팅그린에는 아주 낮은 높이로 자를 수 있는 잔디 종류만 식재가 가능하다. 그렇지 않은 잔디는 생장점이 잘려나가서 죽기 때문이다. 전 세계 퍼팅그린에 크리핑 벤트그래스나 버뮤다그래스 등이 식재되어 있는 것은 그 이유 때문이다.

골프장에서는 다양한 잔디를 만날 수 있다. 잔디의 종류도 다르고 잔디 깎는 높이도 차이가 난다. 어떤 골프장은 티잉 그라운드, 페어웨이, 러프, 퍼팅그린을 모두 같은 종으로 조성하기도 하고 어떤 골프장은 모두 다른 잔디로 심기도 한다. 골프장마다 왜 그렇게 다를까? 골프장 소유자(주인, Owner)의 기호나 기후 등에 의해 식재하는 잔디 종류가 영향을 받을 수 있다. 하지만 잔디는 종류별로 깎을 수 있는 높이가 다른 것이 가장 큰 이유이다. 그 높이의 결정은 잔디의 종류, 계절, 생리적 상태, 생육 유형 등에 따라 달라질 수 있다. 용도도 고려해야 한다. 골프장 퍼팅그린에서 잔디 보호를 위해서 축구장 잔디 높이로 깎을 수는 없다.

잔디 전문가들은 잔디밭에서 잔디를 깎을 때에는 잔디 종류에 관계 없이 보통 지상부(잎과 줄기의 높이)의 1/3 높이를 추천한다(그림 1-16). 잔디 높

그림 1-16 전문가들은 잔디를 깎을 때 지상부 위로부터 1/3 높이를 추천한다. 1/3 규칙(rule)이다. 예초 후 남는 지면으로부터 2/3 높이의 잎은 광합성을 해서 양분을 만든다. 지제부는 토양이 맞닿는 잔디의 줄기 부위를 말한다. 사진의 원형 속 장비는 퍼팅그린 잔디를 깎는 그린 예초 장비(Green mower)를 가리킨다.

이의 1/3만 깎고 2/3는 남겨 놓는 것이다. 나머지 2/3의 잎과 줄기는 광합성을 해서 포도당을 만들어야 하기 때문이다. 잎과 줄기가 광합성을 통해 만든 양분은 예초할 때 생긴 상처를 치료하고 새로운 잎과 줄기 그리고 뿌리를 만드는 데 쓰인다. 만약 잔디를 생장점이 있는 관부 근처까지 너무 낮게 깎는다면 남아있는 잎 면적으로 만든 포도당의 양은 매우 부족해진다. 양분이 부족해지면 저장 양분을 가장 급한 대사과정에만 활용하게 된다. 그 결과 새로운 잎, 줄기, 뿌리 등을 만드는데 소홀해질 수 있고 더위나 가뭄 등 외부 환경이 열악해지면 그 스트레스에 매우 취약해진다.

1/3 높이로 잎을 자른다 해도 지면으로부터 자를 수 있는 높이는 잔디 종류마다 크게 다르다. 그래서 잔디연구자들은 잔디 종류별로 깎을 수 있는 높이를 연구하여 추천하였다. 버뮤다그래스는 5~25㎜, 크리핑 벤트그

골프와 가드너를 위한 잔디밭 사계

래스는 2.5~18㎜가 예초 가능한 높이이다(그림 1-17). 들잔디는 13~25㎜, 켄터키 블루그래스는 15~50㎜가 적당하다. 반면에 페레니얼 라이그래스는 25~50㎜, 톨훼스큐는 38~89㎜로 다른 잔디 종류에 비해 높은 편이다. 보통 옆으로 자라는 줄기인 포복경과 지하경이 있는 잔디가 낮은 예초 높이에 강한 특성을 보인다. 수평생장하는 줄기는 생장점이 있는 관부가 낮게 있기 때문이다. 보통은 잔디가 예초 한계 높이 이하로 잘리게 되면 죽는다. 잎이 너무 남으면 양분을 만들 수 있는 능력이 떨어져 새로운 잎 출현이 어려워지기 때문이다. 특히 예초 과정에서 예초기 날(Blade)로 관부를 건드리면 잎, 줄기, 뿌리가 발생하는 생장점이 파괴될 수 있기 때문에 잔디는 치명상을 입을 수 있다.

그림 1-17 골프장 크리핑 벤트그래스 퍼팅그린 위의 골프공. 퍼팅그린 잔디는 매우 낮은 예고로 유지되어야 하기 때문에 아주 낮게 잘라도 죽지 않는 종류로 심어야 한다.

예초 높이는 잔디 종류마다 크게 다르다. 하지만 예고의 높낮이로 잔디 종류의 좋고 나쁨을 평가할 수는 없다. 용도에 맞게 사용하면 되기 때문이다. 그럼 가장 낮은 높이로 깎아야 하는 잔디의 용도는 무엇일까? 당연히 골프장 퍼팅그린이다. 보통 3~6㎜ 정도로 유지된다. 그 외에 월드컵 축구경기장은 16~25㎜. 가정용 정원이나 학교 운동장은 30~50㎜. 잔디공원도 25~40㎜ 높이로 유지된다. 잔디의 종류별 예고 수준은 전적으로 인간의 목적에 맞게 맞춰져 있다고 할 수 있다.

그러면 목적(용도)에 따라 잔디의 예고는 왜 다를까? 축구경기장은 경기력이 중요하므로 정원 잔디처럼 잎과 줄기가 길면 불편하다. 공이 잘 굴러가지 않으면 경기의 박진감이 떨어지기 때문이다. 선수들의 부상 위험도 높아진다. 그래서 용도에 맞지 않는 잔디 종류를 억지로 쓸 수 없다. 용도에 맞게 잔디 종류를 선택해야 한다. 낮은 예고의 퍼팅그린에는 섬세한 질감의 버뮤다그래스나 크리핑 벤트그래스를 사용하지만, 축구 국가대표가 뛰는 월드컵 경기장에는 피해 회복이 빠르고 TV 화면에 멋지게 나오는 켄터키 블루그래스를 사용한다. 척박한 땅에 잘 적응하고 건조에 강하며 낮게 자를 수 없는 톨훼스큐는 잔디 깎기가 필요 없는 고속도로 경사면에 사용하면 안성맞춤이다. 결국 잔디가 갖고 있는 특성에 따라 사용하는 것이 사람과 잔디에게 모두 좋다.

· 광합성(光合成, Photosynthesis): 녹색 식물의 엽록체에서 빛에너지를 이용하여 물과 이산화탄소를 원료로 포도당과 산소를 만드는 과정을 말한다.

· 1/3 규칙(Rule): 잔디를 깎을 때 적용하는 규칙이다. 잔디를 깎을 때 지상 잎의 1/3 이상을 제거해서는 안 된다는 내용이다. 예를 들어, 지상부 잔디 높이가 3㎝라면 잎과 줄기를 위로부터 1㎝ 이상 제거하지 않는 것이다. 두 가지 이유가 있다. 첫째는 스트레스 때문이다. 잎은 광합성을 하는 기관이기 때문에 과도한 잎 제거는 새로운 잎·줄기·뿌리 등의 조직을 만드는 데 사용하는 포도당이 적어지는 것을 의미한다. 식물체의 광합성 능력이 손상되면 새로운 잎·줄기·뿌리를 만들고 자라게 하기 위해서 관부와 뿌리에 저장되어 있는 양분을 사용해야 한다. 잎이 적어져 포도당 생산량이 낮기 때문이다. 따라서 과도한 예초는 새로운 뿌리의 출현과 성장을 방해하기 때문에 물과 양분의 흡수가 적어져 스트레스 내성이 낮아질 수 있다. 1/3 규칙의 두 번째 이유는 갑자기 너무 낮게 자르면 보기 흉하기 때문이다. 잔디가 수직으로 자라면서 그늘진 아래쪽 잎은 노화되기 시작하여 녹색을 잃는다. 오래된 잎은 죽기 전에 잎에 있던 질소나 마그네슘과 같은 이동 가능한 영양분을 새잎으로 보내 양분 손실을 막는다. 따라서 새로운 위쪽 잎을 과도하게 제거하면 양분이 적어 퇴색하고 노화된 아래쪽 잎이 노출되어 잔디밭은 녹색과 갈색이 뒤섞여 균일하지 않게 된다. 따라서 잔디 예초는 높이를 정해 놓고 1/3 규칙에 의거해서 자주 깎아주는 것이 좋다.

[표 2] 골프장 위치별 관리 수준 및 예고 범위

위 치	관리 수준	예고범위(㎜)
퍼팅그린	높 음	3~6
티	중 간	12~18
페어웨이*	중 간	12~25
러 프	낮 음	35~50

* 개인 정원이나 학교운동장의 예초는 페어웨이의 높은 높이 수준으로 유지해도 좋은 품질의 잔디밭이 가능하다. 예고는 지표면으로부터의 잎과 줄기의 잘려진 높이를 말한다.

그림 1-18 티잉 그라운드에서 예초 전후의 들잔디 모습. 잔디밭 예초는 1/3 규칙을 지키는 것이
잔디의 생존과 생육에 꼭 필요하다.

[표 3] 잔디 종류별 예고 범위

구 분	초 종	예고 범위와 계절별 예고 수준			
		범위(mm)*	봄	여 름	가 을
난지형 잔디	들잔디	13~25	길 게	짧게~길게	길 게
	버뮤다그래스	5~25	짧게~길게	짧게~길게	짧게~길게
한지형 잔디	크리핑 벤트그래스	2.5~18	짧 게	길 게	짧 게
	캔터키 블루그래스	19~50	짧 게	길 게	짧 게
	페레니얼 라이그래스	25~50	짧 게	길 게	짧 게
	톨훼스큐	38~89	짧 게	길 게	짧 게

* 예고 수준 중 짧게와 길게는 예고범위에서 각각 범위의 짧고 긴 길이를 의미한다. 예를 들어
들잔디의 짧게는 13mm와 가깝고, 길게는 25mm에 가까운 길이이다.

골프와 가드너를 위한 잔디밭 사계

▶ 골프공에 홈이 있는 이유는?

골프공은 다른 구기 종목의 공과 달리 표면에 움푹 파인 작은 홈이 있다. 이 홈은 딤플(dimple)이라고 한다. 그러면 축구공이나 야구공과 다르게 왜 골프공에만 딤플이 있는 것일까? 골프가 시작된 초기에는 딤플이 없는 매끈한 형태의 공이 사용되었다. 골프선수들은 라운드 중에 매끈한 공에 상처가 났을 때 공이 더 멀리 나가는 것을 발견한다. 그때부터 딤플이 있는 공이 개발되기 시작했다. 공이 더 멀리 날아가는 이유는 공에 굴곡이 있을 때 공기 흐름이 뒤로 더 잘 빠져서 공기 저항이 줄어들기 때문이다. 앞쪽에서 부딪히는 공기들이 딤플에 걸려서 뒤로 돌게 되는 현상이 일어난다. 이로 인해 형성된 난류는 공 뒤쪽의 압력 차이를 줄여주고 공기저항이 감소함에 따라 공이 더 멀리 날아가게 되는 원리이다. 딤플이 있는 공은 없는 공에 비해 최대 두 배까지 비거리 차이가 있다는 보고도 있다. 딤플이 많을수록 비거리가 계속 늘어날 것 같지만 그렇지 않다. 딤플이 너무 많으면 난류가 심해져서 오히려 비거리가 줄어든다. 딤플은 골프공을 만드는 회사마다 개수에 차이가 있지만 대체로 공 하나에 350~450개 정도 된다. 골프 규칙에서는 플레이어가 공의 성능을 변화시키기 위해서 긁어서 흠을 내는 등의 행위가 공정한 경기에 반하기 때문에 엄격하게 금지하고 있다.

▶ 벌초가 잔디를 죽게 만든다?

벌초는 무덤의 풀을 베어 정리하는 일을 말한다. 벌초 대상은 부모와 조부모를 포함한 조상의 묘이다. 일반적으로 한 해에 두 번 진행한다. 봄 벌초는 한식, 가을 벌초는 추석 무렵에 진행하는 것이 보편적이다. 하지만 우리 사회가 핵가족화되고 바쁜 일상으로 가을 벌초만 하는 경우도 많다. 한식은 동지로부터 105일째 되는 날이다. 그래서 한식 벌초는 잔디 새싹이 출현하기 전이라 잔디를 깎지 않기 때문에 실질적인 예초라 할 수 없다. 우리나라 묘지 잔디 대부분은 들잔디가 식재되어 있다. 들잔디가 견딜 수 없을 정도로 낮은 높이로 자르게 되면 생장점이 있는 관부가 잘리게 된다. 지면에 닿을 정도로 예초기 날을 낮추면 관부가 위험해진다. 그래서 잔디 종류별 예고를 고려하지 않는 벌초는 잔디를 죽일 수 있다. 게다가 산소 토양은 매년 봄에 얼었다 녹았다를 반복하면서 부풀게 된다. 이때 관부의 높이도 높아진다. 높아진 관부는 낮은 예초에 더욱 취약해진다. 산소의 잔디 밀도를 높이기위해서는 들잔디 생육기(5월~9월)에 너무 낮지 않은 높이로 2회 정도 벌초하는 것이 좋다. 특히 첫 예초 전에 산소를 살짝 밟아주면 낮은 예고의 잔디깎기에 도움이 된다.

가정에서 사용하는 자주식 예초기는 예초 전에 예고를 확인하고 사용하는 것이 좋다. 그래서 늘 적정 높이를 준수하도록 한다. 정원 잔디를 균일하게 자르려면 지표면이 평탄해 한다. 평탄하지 않다면 패인부분은 좀 더 낮게 잘리고 그렇지 않은 부분은 높게 잘리게 된다. 그러면 스캘핑으로 이어진다. 그래서 움푹 들어간 부분은 수시로 점검하고 배토를 해 주는 것이 좋다. 아이들이 놀 때도 지표면이 평탄해야 안전하다. 잔디 예초를 주기적으로 하고 아이들이 뛰어노는 것은 잔디밭 표면을 눌러주는 일종의 롤링 역할을 한다. 그래서 예초를 주기적으로 하고 아이들이 잔디밭에서 맘껏 뛰어놀도록 하는 것이 멋진 잔디를 유지하는데에도 좋다.

6. 잔디밭에 보이는 잔디 잎은 몇 개나 될까??

본문 미리보기

잔디밭의 잎은 아카시나무 잎처럼 하나씩 따면서 숫자를 세는 것은 쉽지 않다. 식물체가 작고 너무 낮은 높이로 있기 때문이다. 다른 식물처럼 잔디도 광합성을 하는 잎의 숫자는 매우 중요하다. 생존에 필요한 양분을 만들기 때문이다. 일정한 면적 안에 있는 잔디 잎의 수는 잔디 종류와 예고에 따라 큰 차이가 난다. 퍼팅그린에서 볼 수 있는 크리핑 벤트그래스는 4mm의 예고로 관리한다면 1㎡ 안에 대략 20만~30만 개의 잎이 존재한다. 예고를 높이면 잎의 숫자는 늘어나 잔디 생육에 큰 힘이 되지만, 퍼팅할 때의 그린스피드는 줄어들어 경기의 박진감이 떨어진다. 그래서 잔디의 예고는 잔디와 골퍼에게 모두 중요하다.

잔디밭에 있는 잔디 잎을 수평으로 펼치면 어느 정도 넓이가 될까? 이런 상상은 잔디나 잔디관리자 입장에서 매우 중요하다. 왜 중요할까? 잎의 면적은 광합성 능력에 비례하기 때문이다. 잔디 연구자들은 잎의 면적을 지수(Index)로 표현한다. 엽면적지수(Leaf Area Index, LAI)는 단위면적 내에 있는 광합성이 가능한 잎의 면적을 단위로 표현한 값이다. 1LAI(엽면적지수 1)이라 함은 1㎡ 내에서 실질적으로 광합성이 가능한 잎의 면적 합계가 1㎡임을 의미한다. 엽면적지수 1이면 퍼팅그린처럼 낮은 예고의 잔디밭에서는 잎의 넓이가 매우 넓은 상태이다. 엽면적지수가 높은 것은 잔디 상태가 매우 좋다는 것을 가리킬 수 있지만, 그렇다고 높은 엽면적지수가 최고의 잔디밭을 항상 의미하지는 않는다. 예를 들어, 퍼팅그린에서 예고가 높아 엽면적지수가 높으면 잔디 생존과 생육에 큰 힘이 되지만,

퍼팅그린의 그린스피드가 떨어져 경기의 박진감이 떨어진다. 따라서 적당한 엽면적지수를 유지하는 것은 잔디와 골퍼 모두에게 중요하다. 좀 더 자세하게 살펴보자.

골프장 퍼팅그린에 있는 크리핑 벤트그래스 잎은 몇 개나 될까? 2022 한국골프산업박람회에서 열린 세미나 발표 자료를 보자. 4㎜의 예고(깎는 높이)로 잔디 깎기를 하는 크리핑 벤트그래스 퍼팅그린은 1㎡당 20만~30만 개의 잎이 있다. 왜 그런 숫자가 나오는지 계산해 보자. 1㎡에는 10만~15만개의 분얼경(수직 줄기)이 있다(그림 1-19). 분얼경당 평균 잎수가 2개라고 치면 퍼팅그린 1㎡에는 20만~30만개의 잎이 존재한다. 그럼 분얼경이 10만개라면 1㎡당 잎의 면적은 얼마나 될까? 다음과 같은 계산이 가능하다. 잎수 20만 개 × 1㎜(평균 잎 폭 추정치) × 2㎜(4㎜ 깎기 높이의 절반 정도를 유효 잎 면적으로 추산) = 40만㎟이다. 이것은 0.4㎡ (엽면적지수 0.4)에 해당 된다. 그러니까 1㎡의 면적에 40%가 잎이라는 뜻이다.

잔디밭에서 잔디의 종류와 예고에 따라서 잎의 면적은 달라진다. 퍼팅그린에 비해 예고가 높은 켄터키 블루그래스 페어웨이 잔디를 예로 들어 보자. 켄터키 블루그래스 페어웨이는 퍼팅그린에 비해 지상부 밀도가 낮아 분얼경 수는 적지만 예고가 높아 잎 수는 많다. 퍼팅그린 잔디보다 긴 줄기 때문에 달린 잎이 많기 때문이다. 켄터키 블루그래스 페어웨이를 예고 20㎜로 깎는다면 1㎡당 약 10만 개의 잎이 달린 것으로 추정할 수 있다. 잎폭을 3㎜, 깎기 높이를 20㎜로 가정한다면 유효 광합성 잎면적은 15㎜ 정도(20㎜ 깎기높이의 3/4 정도를 유효 잎 면적으로 추산)로 계산 가능하다. 그럼 1㎡당 잎면적은 얼마나 될까? 잎수 10만개 × 3㎜(평균 잎 폭 추정

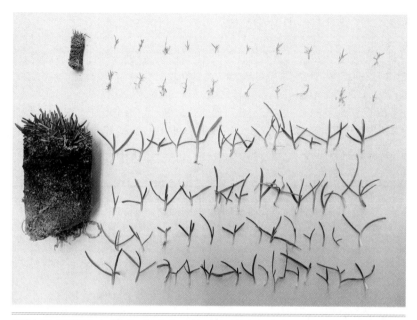

그림 1-19 잔디밭에서 채취한 시료에서 수직줄기인 분얼경을 떼어낸 모습. 사진 속 위에 있는 연녹색의 작은 잔디는 크리핑 벤트그래스 식물체이고, 아래의 진한 녹색의 큰 잎과 줄기는 켄터키 블루그래스 시료이다. 잎이 건강하고 분얼경이 많을수록 품질이 우수한 잔디밭이다.

치) × 15㎜(유효 잎 면적 추정치) = 450만㎟이다. 이것은 4.5㎡(엽면적지수 4.5)에 해당된다. 1㎡의 면적에 4.5배에 달하는 잎이 있다는 의미이다.

그러면 퍼팅그린과 페어웨이 식재되어 있는 잔디 중 누가 광합성 효율이 좋을까? 당연히 엽면적 지수가 높은 페어웨이의 켄터키 블루그래스가 효율이 높다. 잎수는 크리핑 벤트그래스에 비해 적지만, 엽폭이 넓고 예고가 높기 때문이다. 그러면 엽면적 지수를 높일 수 있는 방법은 또 있을까? 잔디밭의 잔디의 단위면적당 줄기 개수를 늘려 밀도를 높이면 된다. 예를 들어, 위의 크리핑 벤트그래스 잔디의 분얼경수를 늘리면 된다는 의미이다. 분얼경이 10만 개에서 15만 개로 늘면 엽면적지수는 0.4에서 0.6으로 높아질 수 있다. 하지만 제한된 공간에서 분얼경을 계속 높일 수는 없다. 그래서 가장 쉬운 방법은 예고를 높이는 것이다.

하지만 엽면적지수를 높이려고 예고를 한없이 높일 수는 없다. 엽면적지수는 높아지지만, 고객들의 잔디밭 만족도는 낮아지게 된다. 예를 들면, 퍼팅그린의 경우에 예고를 높이면 그린스피드 값이 낮아져 고객의 만족도는 떨어진다. 골프공이 빠르게 구르지 않기 때문이다. 그러면 분얼경과 엽수가 늘어난다고 광합성 효율은 늘 높아질까? 그렇지 않다. 잔디를 과할 정도로 높게 깎으면 잎들이 서로 그늘지게 되어 광합성 효율이 떨어질 수 있다. 따라서 잔디 생육기간에는 유연하게 예고를 조절하는 것이 좋다. 잔디가 스트레스를 받는 기간에는 예초 높이를 약간 높여주거나 예초 간격을 늘리면 유효 잎면적이 크게 증가할 수 있다. 이렇게 되면 잔디의 광합성 수지가 높아지기 때문에 잔디밭을 건강하게 유지하는 데 큰 도움이 된다. 반대로 잔디가 잘 자라서 회복력이 좋은 기간에는 예고를 낮춰도 큰 스트레스를 받지 않는다. 따라서 잔디나 잔디밭 상태에 따라서 엽면적지수를 유연하게 조절하면 좋은 품질의 잔디밭을 유지하는 큰 도움이 된다. 여름철 퍼팅그린에 있는 크리핑 벤트그래스는 높은 온도와 습도로 큰 스트레스를 받는다. 이때 예고를 높이면 크리핑 벤트그래스는 스트레스를 극복하는데 큰 힘이 된다. 만약 여러분이 한여름에 방문한 골프장에서 퍼팅그린 예고가 조금 더 높아졌다면? 잔디의 스트레스 극복을 위해 잔디관리자가 조치한 결과라고 이해하면 좋을 듯하다.

· 예고(Cutting mowing height): 잔디 깎기 높이를 말한다. 잔디 깎기 장비의 바퀴나 롤러의 접촉 면(토양 표면)으로부터 잔디가 잘린 면까지의 높이이다. 예고는 잔디의 종류와 생리적 상태, 이용목적 및 생육습성에 따라 깎기 높이는 달라진다.

· 예초(刈草): 사전적으로 풀을 베는 일을 말한다. 잔디학에서 예초는 잔디를 깎는 행위를 뜻한다.

그림 1-20 골프공은 몇 개의 겹(층)으로 만들었느냐에 따라 특성이 다르다. 몇 겹의 공인지는 위 사진처럼 공 표면에 표시(3PC, 3Piece의 약자)되어 있기도 하고 그렇지 않기도 하다. 사진 속 화살표는 골퍼가 샷이나 퍼팅을 할 때 방향 표시에 활용할 수 있다.

▶ 골프공의 종류는? 골프공은 모두 똑같을까?

골프공의 지름은 42.67mm보다 크고, 무게는 45.93g보다 가볍다. 골프공은 커버와 내부의 핵(코어)으로 구성된다. 골프공이 몇 개의 층으로 구성되어 있느냐에 따라 피스(Piece)로 표시된다. Piece는 조각이나 부분을 뜻한다. 우리말로 겹이다. 1겹(Piece)은 공 전체가 하나의 복합탄성체로 되어 있다. 핵에 커버가 1겹인 경우 2피스, 핵과 커버 사이에 내층이 있으면 3피스, 3피스에 내층이 더 추가되면 4피스가 된다. 어떤 차이가 있을까? 1피스는 가격이 저렴하지만 경도가 높아 딱딱해서 스핀이 잘 걸리지 않고 직선으로 나간다. 초보 골퍼들이 연습용으로 많이 사용한다. 2피스는 스핀을 주기 힘들어 컨트롤 샷을 하기 힘들다는 단점이 있지만, 반면에 슬라이스를 줄일 수 있고 페어웨이 런(Run)을 많이 발생시켜 비거리가 늘어나는 것이 장점이다. 보통 초보자나 아마추어 골퍼에게 적합하다. 3피스나 4피스 공은 공의 재질이 부드러워 스핀이 잘 먹기 때문에 컨트롤 샷에 적당하다. 보통 스윙스피드가 좋거나 프로골퍼들이 많이 사용한다. 몇 피스인지는 골프공 실물만 보고 구분하는 것은 어렵다. 하지만 제조사에 따라 골프공 표면에 몇 피스인지 표기하는 경우도 있다.

가정의 정원 잔디밭에서 엽면적지수를 측정하는 것은 현실적이지 않다. 그럼 정원 잔디밭은 어느 정도의 지상부 밀도가 되어야 좋은 품질일까? 한마디로 정리하자면, 잔디 사이로 토양이 보지 않을 정도가 되면 최고 품질의 잔디밭이라 할 수 있다. 잎과 줄기가 지표면을 가려 보이지 않는 것이다. 그 정도면 예초기가 잔디 위에 뜰 수 있다. 잔디가 서로 기대어 장비의 답압에 줄기가 기울었다가 탄력으로 바로 일어선다. 만약 그렇지 않다면 예초기 바퀴에 잔디 줄기가 부러지거나 잔디 사이로 잡초가 자랄 수 있다. 그런 정도의 지상부 밀도라면 잔디밭에서 뛰어노는 아이들 신발에 흙이 묻기도 한다. 부상의 위험도 있다. 상황이 더 악화되기 전에 비료를 주고 잦은 예초로 수평줄기(포복경이나 지하경)를 유도해서 잔디밭을 더 빽빽하게 만들어야 한다.

7. 왜 새벽에
그린 잔디를 자를까?

본문 미리보기

골프장에서 예초장비로 새벽에 그린 잔디를 깎는 주된 이유는 잔디 표면을 균일하게 만들어 빠르고 일정하게 그린스피드를 유지하기 위해서이다. 새벽 예초는 아침 이슬을 제거해 라운드에 임하는 고객들의 불편함을 없애는 장점도 있다. 이슬은 잔디 병원균이 병을 일으키기에 유리한 조건을 제공한다. 따라서 새벽 예초는 잔디 병을 사전에 예방하는 효과도 있다. 따라서 새벽 예초는 골프장 입장에서 고객과 잔디의 건강을 위한 최선의 선택이라 할 수 있다.

골프장에서 첫 팀으로 티오프를 하고 라운드를 하다 보면 골프장 직원들이 잔디 깎는 것을 볼 수 있다. 왜 그들은 이른 새벽 출근을 무릅쓰고 퍼팅그린 잔디를 깎는 것일까? 왜냐하면 새벽에 예초를 하면 많은 장점이 있기 때문이다. 예초는 잔디 표면을 원하는 높이로 자르면서 매끄럽게 하는 작업이다. 예초는 잔디를 깎는 작업이지만 잔디밭 표면의 이물질을 제거해 깨끗하게 하고 무거운 예초 장비로 눌러 그린스피드를 높이는 과정이기도 하다. 따라서 새벽 예초는 오전 티업을 하는 골퍼들에게 양질의 퍼팅그린을 제공할 수 있다. 당연히 고객들은 원하는 수준의 그린스피드가 유지되어 만족도는 올라간다.

그러면 새벽 예초를 하지 않고 전날 저녁에 잔디를 깎으면 어떨까? 퍼팅그린에서 퍼팅을 할 때 공에 이슬이 묻어서 골퍼는 불편하다. 만약 그린에 배토를 한 상태였다면 손이나 공에 모래가 묻을 수 있다. 이튿날 저녁부터 다음날 새벽까지 그린 잔디는 자란다. 당연히 그린에서의 공 스피드는 느려진다. 그린표면에 밤새 이물질이 떨어졌을 수 있고 토양수분 함량에 따라 표면이 고르지 않을 수 있기 때문에 골퍼가 원하는 방향으로 공이 가지 않을 수도 있다. 골퍼가 라이를 보기 위해 무릎을 꿇고 그린 잔디의 표면을 본다면? 밤새 자란 잔디는 깎지 않고 답압도 없었기 때문에 웃자란 잎과 줄기로 인해서 지저분하게 보일 수 있다.

그러면 잔디는 하룻밤 동안 얼마나 자랄까? 잔디는 사람 눈에 보이지 않을 정도로 빨리 자라지는 않는다. 생육기 중에 잔디는 한 달에 2.5~15.0㎝ 정도 자라는 것으로 알려져 있다. 이렇게 편차가 큰 이유는 잔디 종류나 품종에 따라 크게 다르기도 하지만, 기상이나 양분 조건, 토양 환경 탓도 크다. 잔디도 생육에 딱 맞는 온도와 환경이라면 잘 자란다. 반대로 기상이 좋지 않고 땅이 척박하다면 성장이 더디거나 정체된다. 가장 잘 자랄 때 일주일에 1~3㎝ 정도 자란다. 하루로 계산하면 1.5㎜~5.0㎜이다. 퍼팅그린에서 공이 굴러가는 것을 방해할 정도로 충분한 길이이다.

새벽 예초는 병 발생을 줄이는 효과도 있다. 아침에 이슬이 내리면 잔디 잎은 수분이 있는 상태가 된다(그림 1-21). 잔디 병원균의 대부분은 곰팡이기 때문에 포자를 만든다. 이슬은 포자 발아를 촉진시키는 촉매제 역할을 한다. 잔디 잎 위에 있는 병원균 포자는 수분이 있는 상태에서 발아하여 기공이나 상처 등의 구멍을 통해 조직 속으로 들어가 병을 일으킨다. 따라서 새벽 예초는 이슬을 제거하는 과정이기도 하기 때문에 병원균의 감염과 병 발생을 줄이는 효과를 얻을 수 있다.

그림 1-21 예초 전후의 들잔디(위쪽 사진) 및 새벽에 호스를 이용해 퍼팅그린 이슬을 제거하는 장면(아래쪽 사진). 잔디밭에 이슬이 있으면 이용자들에게 불편하고, 병원균 감염으로 병발생의 원인이 되기도 한다. 아래 작은 사진은 이슬 제거 전후를 비교한 크리핑 벤트그래스 식물체이다.

봄春

이렇게 새벽 예초는 여러 장점이 있지만 단점도 있다. 잔디에 이슬이 묻어있기 때문에 잘 깎이지 않아서 예초 장비의 날이 무디거나 관리자의 기술이 숙련되지 못하다면 스캘핑이 발생할 수 있다. 물이 묻은 예지물(잔디를 깎을 때 발생한 잘린 잔디의 잎과 줄기)은 수거가 어렵다. 예초 자체가 잔디에 상처를 만드는 과정이기 때문에 병원균 감염의 원인이 되기도 한다. 게다가 새벽에 출근하는 업무는 워라밸을 중시하는 요즘 젊은이들 성향에 잘 맞지 않는다. 그래서 젊은이들이 코스관리 직업 자체를 기피하는 요인이 되기도 한다. 다행스럽게도 요즘에는 많은 골프장에서 직원들의 복지와 근로기준법의 법정근무시간 때문에 정규직원이 예초작업을 하기보다 새벽 예초만 전문적으로 하는 사람들을 고용해서 진행하는 추세에 있다.

골프장에서 퍼팅그린 예초를 늘 새벽에만 하는 것은 아니다. 전날 마지막 고객 팀을 따라 예초하는 방법도 있다. 오후 예초는 잔디 표면에 이슬이 없어서 쉽게 깎이고 스캘핑 발생도 최소화할 수 있다. 일하는 시간이 낮이기 때문에 직원 입장에서는 능률이 오른다. 골퍼들이 불편해 할 수 있는 아침 이슬은 새벽에 롤러로 잔디 표면을 누르는 작업인 롤링을 통해 제거할 수 있다. 긴 호스를 이용해서 이슬을 털기도 한다. 하지만 밤새 자란 잎과 줄기 그리고 그린스피드는 어떻게 해야 할까? 무거운 무게의 롤러로 이슬을 제거하면서 그린 표면을 누르기 때문에 평평해지면서 빠른 그린스피드도 유지할 수 있다.

· 배토(培土, Topdressing): 잔디밭 토양을 교체하거나 잔디 표면의 품질을 좋게 하기 위한 목적으로 잔디 위에 흙 또는 모래를 뿌리는 작업이다. 잔디 뿌리 출현을 유도하고 미생물 활동을 촉진시켜 대취 분해와 토양 개량의 효과가 있다.

· 스캘핑(Scalping): 잔디 표면을 한 번에 지나치게 낮게 깎아서 속에 있는 줄기나 죽은 잎들이 노출되어 누렇게 보이는 현상이다. 잔디 관부에 있는 정단분열조직 일부가 제거되어 일시적으로 생육이 억제되거나 심하면 고사할 수 있다. 스캘핑을 방지하기 위해서는 시간을 두고 천천히 예고를 낮추는 것이 좋다.

골퍼를 위한 TIP!

▶ **퍼트 선상에 이슬을 제거해도 될까?**

골프 규칙에서 눈이나 천연 얼음은 골퍼의 선택으로 캐주얼 워터나 루스 임페디먼트 중 하나로 취급할 수 있다. 하지만 이른 아침 퍼팅그린 등에 남아 있는 이슬이나 서리는 해당되지 않는다. 라이 개선으로 간주되어 벌타를 받는다.

가드너를 위한 TIP!

가정의 정원 잔디밭은 새벽에 예초할 필요가 없다. 잔디를 매일 깎지 않아도 되고 시급을 요구하는 영업장소가 아니기 때문이다. 대신에 주말 예초를 추천한다. 가장인 아빠가 쉬는 날을 택해서 1주일에 한 번 또는 2주일에 한 번 가족과 함께 잔디밭 예초를 진행하자. 엄마가 해도 좋고 아이들이 초등학교 고학년 이상이라면 잔디깎기 경험을 하게 해도 좋다. 잔디밭 예초를 가족 전체가 함께 하는 일로 만들면 가족 화합과 아이들 교육에도 큰 도움이 된다. 아이들은 식물을 가꾸는 것이 즐거운 일이라는 것을 저절로 느끼게 될 것이다.

8. 페어웨이나 프로축구장 잔디에서 무늬(패턴)가 보이는 이유는?

본문 미리보기

골프장 페어웨이나 퍼팅그린에 잔디 무늬(패턴)가 보인다. 잔디밭 스트라이핑이라고 하는 과정을 통해 만들어지는 현상이다. 잔디는 깎는 방향에 따라 장비 무게에 의해 잎과 줄기가 눕는다. 이때 잔디깎는 방향이 다르다면 잔디밭에 무늬가 나타난다. 잔디밭이 무늬로 보이는 이유는 잎과 줄기가 반사되는 빛의 차이에 의해 색상이 다르게 보이기 때문이다. 퍼팅그린에서도 깎는 방향에 따라서 잔디 무늬의 방향이 다르게 나타난다. 누운 방향이 다른 잎은 공 구름에 대한 저항에서 차이를 보이기 때문에 그린스피드에 미세한 영향을 줄 수 있다. 따라서 잔디관리자들은 공의 구름이 예민한 퍼팅그린 예초에서 그린스피드와 라이에 영향을 주지 않도록 잔디의 깎는 방향을 지속적으로 다르게 작업한다.

TV 속 메이저리그 야구장이나 프로 축구장 또는 미식축구장에서는 바둑판이나 다이아몬드 모양의 잔디 무늬(문양 또는 패턴)를 볼 수 있다(그림 1-22). 잔디의 무늬는 주로 메이저리그 올스타 게임이나 미식축구의 슈퍼볼 게임에서도 자주 등장한다. 이러한 무늬는 프로스포츠를 보는 또 다른 재미이기도 하다. 골프장에서도 잔디 무늬를 볼 수 있다.

잔디밭에 등장하는 무늬는 잔디밭 스트라이핑(Lawn striping)이라는 과정을 통해 만들어진다. Lawn striping은 "잔디밭에 줄무늬 만들기" 정도로 번역할 수 있다. 잔디는 깎는 방향에 따라 장비 무게에 눌려 잎과 줄기가 눕게 되는데, 그 눕는 방향과 정도에 따라 반사되는 빛의 차이가 생겨 색상이 다르게 보이는 원리이다. 한쪽 방향의 잔디 잎이 어둡다면, 다른

그림 1-22 어느 월드컵 경기장에 식재되어 있는 켄터키 블루그래스의 잔디 표면 무늬. TV 시청자들이나 관람객에게 경기 외에 또 다른 볼거리를 선사한다.

방향은 더 어둡게 돼서 차이가 나는 방식이다. 실제 잔디 잎을 보면 앞면과 뒷면의 색상 차이가 나는데, 그 영향도 적지 않다. 잔디밭 스트라이핑을 통해 잔디밭 줄무늬를 만들려면 깎는 기계(예초기)와 누르는 장비(롤러)가 필요하다. 보통 잔디깎기 장비의 날(블레이드) 뒤에 롤러가 있어서 깎는 작업과 누르는 작업이 동시에 진행된다.

그럼 잔디밭 줄무늬는 어떻게 만들까? 바둑판 모양의 무늬를 만든다고 가정해 보자. 잔디 깎는 방향은 북쪽에서 남쪽으로 향하게 한 다음 동쪽에서 서쪽으로 다시 진행하면 큰 기술 없이 바둑판 모양의 줄무늬가 만들어진다. 이런 식으로 잔디가 구부러지는 방향을 바꾸면 된다. 롤러를 이용해서 잎을 구부리면 구부릴수록 무늬의 차이는 더 확실해진다. 따라서 예고가 높을수록 잎의 양분이 많을수록 눕는 잎의 각도가 커지고 진해 보이기 때문에 그 효과는 높아진다.

잔디밭 스트라이핑은 동일한 방법으로 진행해도 잔디 종류마다 잎의 눕는 정도가 다르기 때문에 결과는 다르게 나타난다. 한지형 잔디인 블루그래스류와 훼스크류의 잔디가 난지형 잔디인 들잔디와 버뮤다그래스보다 무늬 만들기가 쉽다. 또한 잔디 잎과 줄기의 양분 상태, 수분에 젖은 정도 등 다양한 요인이 작용하기도 한다. 잔디를 깎은 후 물을 주면 색깔이 더욱 선명해져서 무늬는 더욱 돋보일 수 있다. 하지만 잔디밭 스트라이핑을 할 때 지켜야 하는 규칙도 있다. 예를 들면, 잔디를 깎을 때마다 한쪽 방향으로 하는 것은 좋지 않다. 늘 누워있는 잔디 잎은 광합성과 통풍에 불리하기 때문이다. 따라서 잔디 깎는 방향을 바꾸면서 하는 것이 잔디 건강에 바람직하다.

그럼 잔디밭 스트라이핑은 스포츠 경기력에 영향을 미칠까? 퍼팅그린에서 스트라이핑을 한쪽으로만 지속해서 잔디의 결이 한쪽 방향으로만 향해 있다면 퍼팅을 할 때 라이에 영향을 줄 수 있다. 잔디밭 무늬에서 조금 떨어져서 볼 때 어두운 방향이면 역결, 은빛으로 보이면 순결이라고 부른다(그림 1-23). 역결이라면 잔디 잎과 줄기가 앞면으로 기울어져 있기 때문에 공 구름에 대한 저항이 있다. 공을 좀 더 강하게 쳐야 한다. 하지만 골프장 퍼팅그린에서는 잔디를 같은 방향으로만 깎지 않는다. 매일매일 예초 방향을 달리해서 혹시 발생할지도 모를 잔디 표면 변수를 제거한다. 그래서 퍼팅그린에서의 무늬는 공의 구름에 영향을 미치지 않는다고

그림 1-23 켄터키 블루그래스 페어웨이에서 볼 수 있는 무늬. 잔디의 깎는 방향을 달리하면 무늬가 만들어진다. 골프장, 월드컵경기장, 프로야구장 등에서도 흔히 볼 수 있다.

알려져 있다. 골프와 달리 축구나 야구에서 잔디밭 스트라이핑은 경기력에 영향을 미치지 않는다. 공이 크고 무겁기 때문이다.

『골프는 과학이다』를 집필한 물리학자 오츠키 요시히코는 "순결"과 "역결"이 태양의 위치에 따라 변하기 때문에 잘 들어맞지 않는다고 하였다. 대신에 잔디가 쓰러져 있는 방향을 "직접 관찰"하는 것이 퍼팅에 도움이 된다고 조언한다. 그의 설명에 따르면 퍼터 페이스(Putter face)를 잔디 위에 올려놓고 잔디 방향을 보면, 잎과 줄기가 어느 쪽으로 쓰러져 있는지 알 수 있다. 퍼팅그린과 다르게 잔디 길이가 긴 페어웨이에서 순결과 역결은 뚜렷이 보인다. 페어웨이 잔디는 누워있는 방향이 공의 구름에 영향을 줄 수 있다. 하지만 순결과 역결 모두 예고가 높은 탓에 공의 구름에 저항이 있어서 큰 차이가 없다는 것이 전문가들의 일반적인 견해이다. 잎의 방향이 바뀐다고 공의 구름에 차이가 날 정도는 아니라는 얘기다.

용어 알아보기

· 롤러(roller): 잔디 표면의 요철을 교정하고 평탄하게 다지는 원통형의 도구가 달린 장비이다. 그린스피드 향상을 위해서 필요하다. 운전 주체나 용도에 따라 견인식, 승용식, 자주식 등 여러 가지 형태가 있다.

골퍼를 위한 TIP!

▶ 우리나라에서 골프장을 찾는 사람(1개 골프장당 평균 내장객)은 1년에 몇 명이나 될까?

대부분의 선진국에서는 연간 평균 년 3~4만 명이 골프장(18홀)을 찾는다. 우리나라는 어떨까? 골프장 유형(회원제 골프장, 대중제 골프장)이나 연도별로 다르지만 일반적으로 평균 7만 명을 웃도는 것으로 알려져 있다. 내장객이 많은 골프장은 10만 명을 넘기도 한다. 선진국보다 2배 이상의 내장객이 골프장을 찾는 셈이다. 그만큼 우리나라 골프장 잔디가 받는 스트레스는 매우 심한 편에 속한다. 우리나라 골프장 코스관리자의 지식과 기술이 세계 최고인 이유이기도 하다.

가드너를 위한 TIP!

잔디밭 정원에도 무늬를 만들 수 있다. 아이들이 있는 가정이라면 추천한다. 하지만 들잔디밭 무늬는 멀리서 봐야 선명하다. 가까이서 보면 구별하기 쉽지 않을 수도 있다. 들잔디 생육기인 6~8월에 예초방향을 반복해서 진행하면 가능하다. 켄터키 블루그래스밭은 봄과 가을이 적당하다. 두 종류 모두 생육기에는 잘 자라기 때문에 무늬를 만든다고 해서 큰 스트레스를 받는 것은 아니다. 생육기 중에 방향을 달리해서 예초를 하면 회복도 빠르다.

9. 페어웨이에서 런(Run)이 좋은 잔디는?

본문 미리보기

우리나라 골프장 페어웨이는 주로 들잔디가 식재되어 있고, 일부 골프장에서는 켄터키 블루그래스가 심어져 있다. 잔디 종류에 따라 특성이 다르다. 켄터키 블루그래스는 잎의 각도가 완만하고 조직이 부드러워서 페어웨이에서 런(공의 구름)이 좋은 편이다. 반면에 들잔디는 잎의 각도가 높고 조직이 단단해서 공의 구름에 대한 저항이 강하다. 들잔디 페어웨이에서는 켄터키 블루그래스에 비해 상대적으로 런이 적은 편이다. 따라서 샷을 하기 전에 잔디 종류를 확인하고 전략을 수립하는 것은 골프 경기를 더 재미있게 즐길 수 있는 하나의 방법이 될 수 있다.

우리나라 골프장 페어웨이에서는 주로 들잔디가 식재되어 있다. 일부 회원제 골프장에서 켄터키 블루그래스가 심어져 있다. 아주 적은 수의 골프장 페어웨이에서는 크리핑 벤트그래스, 버뮤다그래스, 금잔디도 볼 수 있다. 자생잔디인 들잔디는 대표적인 난지형 잔디이고, 켄터키 블루그래스는 대표적인 한지형 잔디이다. 들잔디와 켄터키 블루그래스 페어웨이는 어떻게 다를까? 골퍼에게는 어떤 잔디가 유리할까?

들잔디는 녹색기간이 켄터키 블루그래스에 비해 짧다. 지역에 따라 다르지만, 대략 5월부터 10월까지 녹색이다. 일반적으로 골프장 페어웨이 들잔디는 뗏장을 구입해 식재한다. 들잔디 생산지에서 구입한 뗏장의 토양은 점토 함량이 높은 논이나 밭토양일 가능성이 높다. 생산지 토양이 보통 논이나 밭이기 때문이다. 양분 함량이 높은 논이나 밭 토양에서 자란 들잔디는 줄기가 많이 생기고 뿌리도 깊고 지표면 밑에 있는 대취층도 두껍다. 그래서 아이언 샷을 할 때 뒤땅을 쳐서 디보트를 만들면 손목에 무리가 가기도 한다.

들잔디는 잎과 줄기의 각도가 매우 높은 편이다. 지상부 밀도(단위 면적당 줄기 수)가 높은 페어웨이라면 골프공이 들잔디 잎과 줄기 위에 떠 있다. 파3 홀에서 티업을 할 때 티 위에서 치는 것과 비슷한 조건이다. 뒤땅이 부담스러운 골퍼들이 좋아하는 샷 조건이다. 공이 단단한 잎과 줄기 위에 떠 있기 때문에 우드를 잡고 치기에도 좋다. 보통 초보자들이나 여성 골퍼들이 좋아한다. 이런 조건은 생육기와 휴면기 모두 해당된다. 들잔디는 일반적으로 11월부터 이듬해 4월까지 휴면기간이다. 지상부 잔디가 죽기 때문에 생육기에 비해 탄력은 떨어진다. 다른 골퍼들이 발로 밟아 잔디가 부러졌거나 지상부 밀도가 낮으면 잔디 사이로 공이 들어갈 수 있다. 때로는 지면에 공이 붙을 수 있다. 휴면기에는 생육기에 비해 잔디 잎과 줄기의 탄력이 떨어지기 때문에 일반적으로 런은 더 길어진다.

반면에 켄터키 블루그래스는 들잔디에 비해 녹색기간이 길다(그림 1-24). 지역에 따라 크게 다르지만, 중부지방에서는 대략 3월부터 12월까지 진한 녹색이다. 따뜻한 지역에서는 사계절 녹색이지만, 중부지방에서는 보통 12월 하순부터 지상부가 서서히 죽고 2월 하순 이후에 죽은 잎과 줄기 사이에서 새로운 싹이 올라온다. 켄터키 블루그래스는 들잔디에 비해 잎의 각도가 낮다. 잎과 줄기도 부드러운 편이다. 그래서 페어웨이에서는 지상부 밀도가 조금만 낮아도 골프공이 지면에 붙어 있는 경우가 많다. 보통 디보트를 만들며 내려찍는 샷(다운블로, 찍어치기)을 좋아하는 골퍼들에게 안성맞춤인 조건이다. 게다가 켄터키 블루그래스는 생산지에서 모래토양을 지반으로 한 뗏장 상태로 생산된다. 켄터키 블루그래스는 들잔디에 비해 뿌리가 얕고 지표면 밑에 있는 대취층도 상대적으로 얇은 편이다. 샷을 할 때 디보트가 생겨도 들잔디 페어웨이에 비해 손목에 무리가 덜 간다.

그러면 드라이버 샷을 한 공이 지면에 닿은 후 굴러가는 거리는 어떨까? 지름 42.67㎜의 골프공은 드라이버에 의해 타격된 후 날아가서 페어웨이에 떨어진다(캐리 거리). 골프공은 대략 20㎜ 내외 높이의 잔디 위를 굴러가다 멈춘다(비거리). 들잔디는 잎과 줄기의 각도가 높고 조직이 단단해서 구르는 공에 대한 저항이 강하다. 반면에 켄터키 블루그래스 잎과 줄기는 상대적으로 각도가 낮고 조직이 훨씬 부드럽다. 따라서 켄터키 블루그래스 페어웨이는 굴러가는 공에 대한 저항이 약하다. 그래서 동일한 조건이라면 들잔디 페어웨이보다 켄터키 블루그래스 페어웨이에서 비거리

그림 1-24 티잉 그라운드에서 보이는 들잔디(왼쪽 사진) 및 켄터키 블루그래스(오른쪽 사진) 페어웨이. 티샷으로 보낸 골프공의 페어웨이 런(run)은 잔디 종류나 잎의 길이 등에 따라 큰 차이가 난다.

가 긴 편이다.

이외에도 크리핑 벤트그래스, 버뮤다그래스, 금잔디 페어웨이는 들잔디나 켄터키 블루그래스보다 지상부 밀도가 높고 더 낮은 예고로 유지할수 있다. 지상부 밀도가 높고 예고가 낮으면 공 구름에 대한 식물체의 저항이 적어지기 때문에 굴러가는 거리가 길다. 특히 벤트그래스 페어웨이는 예고가 매우 낮고 밀도가 높으며 조직이 부드럽다. 드라이버 샷 후 런이 길어질 수 있는 조건이다. 따라서 샷을 하기 전에 잔디 종류와 예고를확인하고 전략을 수립하는 것은 골프 경기를 즐길 수 있는 또 하나의 방법이 될 수 있다. 대부분의 골프장에서 홈페이지를 통해 식재되어 있는잔디 종류를 공개하고 있다.

용어 알아보기

· 난지형 잔디(Warm season grass): 지상부의 생육적온이 27~35℃로 따뜻한 지역에서 잘 자라는 잔디 종류이다. 하루 평균 기온이 10℃ 이상이 되는 4월부터 새싹이 나오고 여름에 가장 잘 자란다. 온도가 평균 10℃ 이하가 되는 10월이 되면 잎의 색깔이 노랗게 변하면서 지상부의 생육 정지 상태인 휴면기에 들어간다. 우리나라에서 많이 사용하는 난지형 잔디는 들잔디, 금잔디, 버뮤다그래스 등이 있다.

· 티(Tee): 티잉구역에서 공을 치기 위하여 지면 위에 올려놓을 때 사용하는 물체를 말한다. 티는 반드시 그 길이가 101.6㎜ 이하여야 한다. 일반적으로 긴(Long) 티와 짧은(Short) 티를 사용한다.

· 한지형 잔디(寒地形, Cool season grass): 지상부의 생육적온이 15~24℃로 온대 북부지역, 아한대 및 한대 기후대 지역에서 잘 자라는 잔디 종류이다. 우리나라에서는 봄과 가을에 잘 자란다. 일부 따뜻한 지역에 따라 겨울철에 자라기도 해서 사계절 녹색 유지가 가능하다. 하지만 한지형 잔디는 여름철 고온기에 광합성 효율이 떨어지기 때문에 대체로 생육이 부진하다. 우리나라에서 많이 사용하는 한지형 잔디는 켄터키 블루그래스, 페레니얼 라이그래스, 크리핑 벤트그래스, 톨훼스큐 등이 있다.

▶ **골프 샷 구질은 어떤 것이 있을까?**

골프공 비행의 법칙(Ball flight law)에 따르면 스윙 궤도와 임팩트 할 때의 클럽 페이스 모양 조합으로 총 아홉 가지 구질이 나온다고 알려져 있다. 스윙 궤도는 아웃사이드(Outside)-인(In), 인사이드(Inside)-인, 인사이드-아웃(Out) 3가지, 클럽 페이스 모양은 오픈(Open), 스퀘어(Square), 클로우즈(Close) 3가지, 탄도는 높음, 중간, 낮음 3가지. 이들을 조합하면 총 27가지의 샷이 나온다. 퍼터를 빼고 13가지의 클럽으로 27가지의 구질을 만들면 총 351가지의 구질을 만들어낼 수 있다.

가정의 정원 잔디밭에서 골프공을 굴려 런을 측정하는 것은 의미가 없다. 잔디 잎과 줄기가 길기 때문이다. 대신에 아이들이 있는 가정이라면? 축구공이나 야구공으로 굴러가는 거리를 측정해 보자. 손으로 굴려도 되고 발로 공을 차도 좋다. 지금 막 자른 잔디표면과 일주일동안 자란 잔디를 비교하는 것이다. 잔디밭을 과학실험실로 만들 수 있는 좋은 기회이다. 예초 후에 누워 있던 잔디 잎이 언제쯤 다시 원래의 상태로 회복하는지도 관찰해 보자.

봄春

10. 디보트 잔디.
살까? 죽을까?

본문 미리보기

디보트는 티샷이나 페어웨이샷 중에 자주 발생한다. 골퍼는 자기가 만든 디보트를 제자리에 원위치시키는 것이 기본적인 에티켓이다. 그래서 TV 골프 중계에서 선수가 자신의 샷에 의해 생긴 디보트를 제자리에 갖다 놓는 행위를 흔하게 볼 수 있다. 자신이 만든 디보트는 다음 고객이 플레이를 할 때 피해를 보거나 불편할 수 있기 때문이다. 하지만 디보트를 제자리에 갖다 놓는다고 잔디가 늘 완벽하게 살아나는 것은 아니다. 디보트의 상태와 관리 방법에 따라 죽을 수도 있고 살 수도 있다.

TV 골프 중계에서 유명한 프로선수가 아이언 샷을 멋지게 한 후에 몇 미터 앞에 뜯겨진 잔디를 줍는다. 되돌아와서 디보트가 생긴 그 자리에 잔디를 놓은 다음 발로 꾹꾹 밟는다. 시청자나 경기 해설위원은 그 사람의 매너를 칭찬한다. 디보트를 그대로 두면 다음에 경기하는 선수가 불편하거나 피해를 볼 수 있기 때문이다. 아이언 샷 후에 뜯긴 잔디가 바로 디보트다. 디보트의 사전적 의미를 보자.

디보트(Divot, 디봇)는 우리말 사전에 "골프채에 의해 뜯겨진 잔디 조각"으로 나와 있다. 캠브리지 백과사전(Cambridge Dictionary)에 "디보트는 잔디 위에 있는 공을 골프채로 칠 때, 골프채의 헤드(head)에 의해 떨어진 잔디 또는 토양이 패인 자국이다"라고 좀 더 자세하게 설명되어 있다. 넓은 의미에서 디보트는 골프를 포함해서 축구, 야구 등 잔디 경기장에서

골프와 가드너를 위한 잔디밭 사계

골프채, 신발 등에 의해 파인 자국을 말한다. 우리말 사전과 백과사전의 뜻을 종합하면, 잔디 조각과 패인 자국을 모두 디보트라고 할 수 있다(그림 1-25). 하지만 현장에서는 보통 뜯겨진 잔디를 디보트, 패인 토양을 디보트 자국이라고 부른다. 아쉽지만 디보트의 우리말 단어는 아직 없다.

그림 1-25 티잉 그라운드에서 골퍼들의 스윙으로 생긴 디보트 자국(위쪽 사진). 지표면에서 떨어져 나간 디보트(아래쪽 사진)는 관부와 뿌리가 어느 정도 남아 있느냐에 따라 또는 얼마나 빨리 원래의 상태로 되돌려 놓느냐에 따라 생존 확률이 달라진다.

골프장에서 생긴 디보트가 매번 뜯겨지기 전의 원래 상태로 되살아날 수 있는 것은 아니다. 왜 그럴까? 디보트는 골프채의 종류, 잔디 종류 및 생육형이나 나이, 토양 조건 등에 따라서 생김새와 깊이 그리고 크기가 달라질 수 있다(그림 1-26). 하지만 디보트가 살기 위해서는 최대한 빨리 제자리에 원위치 되는 것이 바람직하다. 골퍼들의 부상 우려가 있고 경기에 도움도 되지 않기 때문이다. 디보트는 조치 방법에 따라서 원래의 상태로 회복되기까지 시간 차이가 꽤 크다. 예를 들어, 디보트를 원위치시키지 않아서 자국이 비어 있는 상태로 있다고 치자. 종자가 포함된 모래를 디보트 자국에 채운다. 수작업으로 하는 일종의 배토작업이다. 작업을 할 때 종자가 포함된 모래는 잔디 높이보다 약간 낮게 넣고 부드럽게 발로 눌러준다. 모래를 너무 적게 섞으면 플레이하는데 방해가 될 수 있고, 너무 많이 넣으면 예초 장비의 날이 토양과 부딪혀 손상될 수 있다. 라운드 중에 디보트 자국에 모래가 있다면 복구한 것이라 생각해도 무방하다. 종자는 자라기 좋은 조건에서 발아 후부터 어른(성체) 식물까지 보통 3개월 이상이 걸린다. 따라서 떨어져나간 디보트를 원위치시켜 살리는 것이 골프장이나 골퍼 모두에게 이익이다.

디보트에 잔디 뿌리와 흙이 붙어 있다면 반드시 바로 원위치 시켜야 한다. 하지만 원위치된 디보트의 생사 여부는 사후관리에 달려있다고 해도 과언이 아니다. 식물체와 토양에서는 수분이 증발산되므로 뿌리에서 수분을 흡수하지 못하면 건조로 죽을 수 있다. 따라서 뿌리와 흙이 온전하게 붙어 있는 디보트라면 떨어진 방향대로 원위치시킨 다음에 발로 단단히 눌러 줘야 한다. 이렇게 하면 잔디 뿌리가 흙과 맞닿아 수분흡수가 원활해져서 조기 활착에 큰 도움이 된다. 하지만 뿌리와 흙 사이에 공간이

그림 1-26 잎과 줄기는 떨어지고 관부가 남아있는 디보트(위쪽 사진). 디보트 자국 깊이는 디보트 생존과 매우 밀접하다. 디보트 자국이 깊지 않아 관부가 남아있게 되면 모래만 덮어도 살아난다(아래쪽 사진). 관부에서 잎과 줄기가 다시 나오기 때문이다.

생기면 수분 흡수가 원활하지 않아 식물체는 건조 피해로 죽기 쉽다. 그래서 뿌리가 마르지 않게 하는 것이 중요하다. 디보트가 많은 곳에서는 넓은 면적을 뗏장으로 수리하기도 한다. 내장객이 많은 골프장 티잉 그라운드에서는 뗏장으로 디보트 자국을 복구한 부분을 흔하게 볼 수 있다.

 디보트가 생겼을 때 식물체를 버려도 괜찮은 경우가 있다. 디보트 자국의 깊이가 깊지 않아 관부와 뿌리가 토양에 그대로 남겨졌을 때이다(그림 1-26). 이런 경우에 디보트는 뿌리 없거나 아주 얇은 토양에 잎과 줄기만 달려 있는 상태로 떨어져 나갔기 때문에 원위치시켜도 살지 못한다. 줄기와 뿌리가 만나는 지점에 관부가 있다. 관부는 잎·줄기·뿌리가 만들어지는 생장점이 있는 곳이다. 관부와 뿌리가 디보트 자국에 그대로 남아 있다면 얼마 후에 그 자리에서 잎과 줄기가 발생해 원래의 식물상태를 회복한다. 그래서 이런 종류의 디보트 자국에는 모래로 채우기만 해도 된다.

용어 알아보기

· 증발산(蒸發散, Evapotranspiration): 물체(토양)의 표면에 있거나 물체(토양)에 함유된 물이 공중으로 달아나는 현상을 증발(Evaporation)이라 하며, 식물의 뿌리로부터 빨아 올려진 물이 잎의 기공을 통해 없어지는 현상을 증산(Transpiration)이라고 한다. 증발산은 이 두 단어의 합성어다.

· 활착(活着, Establishment): 잔디의 종자발아 및 영양번식 후에 뿌리가 내리고 새로운 싹이 출현하여 잔디가 제대로 살아남는 것을 말한다. 식재한 뗏장이 뿌리를 내려 새로운 토양에 적응한 상태를 일컫기도 한다.

골퍼를 위한 TIP!

▶ 디보트 자국에 공이 있다면, 플레이는?

페어웨이에 있는 디보트 자국에 공이 들어갈 수 있다. 이 상황에서는 디보트 자국에 공이 있는 그대로의 상태로 플레이를 해야 한다. 디보트 자국은 각종 인공장애물이나 수리지 등과 같은 예외적인 조항에 포함되지 않는다.

▶ 디보트 보수. 누가 할까?

디보트는 티잉 그라운드와 페어웨이에서 매일 생긴다. 모든 주말 골퍼들이 자신이 만든 디보트를 제자리에 갖다 놓는 것은 아니다. 많은 주말 골퍼가 자신이 만든 디보트를 외면한다면 누가 디보트를 복구할까? 2022년 우리나라 어느 골프장에서 캐디들이 파업을 했다. 알려진 것처럼 캐디(Caddie 또는 Caddy)는 골프 게임에서 골프백을 메고 조언을 해주는 등 골퍼를 도와주는 사람이다. 캐디들이 협상 테이블에 올린 내용 중에는 무임금 배토작업에 대한 정당한 대가 지불이 포함되었다. 티잉 그라운드에서의 디보트 자국 발생은 인조매트로 대체하거나 뗏장 교체를 통해 해결할 수 있다. 하지만 페어웨이 디보트는자국은 보수를 해야 한다. 넓은 면적에 걸쳐서 아주 작은 크기로 발생하기 때문이다. 그래서 캐디나 직원들이 모래 주머니를 갖고 다니며 디보트 자국에 모래를 채우는 경우가 적지 않다. 캐디는 골프장 직원이 아니기 때문에 공짜노동에 반기를 들었던 사례이다. 따라서 골프장을 찾는 골퍼들은 자신이 만든 디보트는 제자리에 두는 매너가 필요하다. 주말골퍼들 사이에 그런 문화가 정착되면 잔디밭 품질 유지와 명랑골프에도 큰 도움이 될 것으로 보인다.

가드너를 위한 TIP!

정원 잔디밭에서도 디보트가 생길 수 있다. 디보트 자국에 관부가 남았는지 확인하고 대처하면 된다. 디보트 자국에 관부와 뿌리가 그대로 있으면 토양을 덮어주면 된다. 이때 토양은 잔디밭 토양과 동일한 것을 사용한다. 관부가 남아있지 않다면 점토함량이 좀 더 높은 토양으로 메워 주면 좋다. 점토함량이 높으면 보통 양분이 풍부하고 수분 함량도 높게 유지되어 주변 잔디가 빨리 자라는데 도움이 된다. 수평줄기가 발생해 디보트 자국을 빨리 피복할 수 있도록 디보트 주변에 복합비료를 살포하면 회복이 더 빠를 수 있다.

11. 두 개의 그린이 있다.
어느 그린을 공략할까?

본문 미리보기

골프장에 가면 한 개의 홀(Hole)에 있는 2개의 퍼팅그린을 볼 수 있다. 골프장에는 보통 1개 홀에 1개의 그린이 있다. 골프장에서 1개 홀에 2개의 그린이 있는 것은 땅이 남아 1개의 그린을 추가로 만든 것이 아니다. 2개의 그린관리 비용은 1개의 그린관리 비용보다 당연히 더 많이 들어간다. 그럼에도 불구하고 2개의 퍼팅그린을 유지하는 이유는 내장객이 많은 우리나라 골프장에서 좋은 그린 상태를 유지하려는 궁여지책이다. 내장객이 많으면 답압이 심해서 그린 잔디가 빠르게 망가질 수 있기 때문이다.

우리나라 골프장 코스에서 한 개의 홀(Hole)에 두 개의 그린(이중그린, Double green, Two-green system)이 있는 것을 보는 것은 드문 일이 아니다. 골프장 코스를 관리하는 그린키퍼들은 투 그린이라고 부른다. 정규 골프장인 18홀은 500㎡ 이상 크기의 한 개 그린으로도 운영할 수 있지만, 9홀 골프장은 전반과 후반의 퍼팅그린을 달리 운영하기 위해 두 개의 그린이 필수적이다(그림 1-27). 골퍼 입장에서 전반과 후반에 다른 그린을 목표로 플레이하면 지루함도 덜할 수 있다. 하지만 사실 한 개의 홀에 두 개의 그린이 있는 것은 골퍼들에게 좋은 잔디 상태에서 플레이를 할 수 있게 만든 골프장 측의 궁여지책이다.

일본 골프장을 예로 들어 보자. 일본의 많은 골프장에서는 한 개의 홀에 다른 종류의 잔디가 심어져 있는 이중그린을 볼 수 있다. 잔디 종류를

골프와 가드너를 위한 잔디밭 사계

다르게 해서 이중그린을 운영하는 것이다. 일본은 국토가 남북으로 긴 모양이기 때문에 냉대 기후부터 열대 기후까지 지역에 따라 차이가 크지만, 전체적으로 덥고 습한 여름과 추운 겨울이 있는 나라이다. 그래서 여름과 봄·가을에 맞는 잔디를 각각 심으면 관리에 유리하다. 여름에는 더운 날씨에서 잘 자라는 금잔디나 버뮤다그래스 그린을 사용하고, 가을부터 이듬해 봄까지는 봄·가을에 생육이 좋고 추위에 강한 벤트그래스 그린을 사용하는 식이다. 잘 자라는 시기의 퍼팅그린 잔디는 답압이나 병해충 등 스트레스에 노출되어도 회복시간이 빠른 장점이 있다.

내장객이 많은 우리나라에서는 한 개의 홀에 2개의 그린이 있는 골프장이 많다. 2개의 그린에서 단일 잔디 종을 유지하는 것은 일본과 다른 점이다. 두 개의 그린에서 동일한 잔디 종을 유지하면 관리가 훨씬 수월하기 때문이다. 이중그린의 장점은 퍼팅그린을 번갈아서 쓸 수 있다는 점이

그림 1-27 한 개의 홀에 두 개의 그린이 있는 골프장(왼쪽 사진). 내장객이 많은 우리나라에서 좋은 품질의 퍼팅그린 잔디 유지를 위한 방법 중 하나이다. 오른쪽 사진은 한 개의 홀에 한 개의 그린이 있는 골프장이다.

다. 퍼팅그린을 교대로 사용하면 답압과 마모가 절반으로 줄어든다. 우리나라 골프장 그린의 대부분은 한지형 잔디인 크리핑 벤트그래스가 심어져 있다. 이중그린에서는 여름철에 특히 약한 크리핑 벤트그래스의 스트레스를 줄일 수 있는 것이 큰 장점이다. 또한 혹시라도 그린의 개조나 유지보수를 한다면 나머지 다른 그린을 사용하면 된다.

이중그린은 장점만 있는 것은 아니다. 그린이 두 배 많다는 것은 유지관리에 투입되는 노력과 비용이 두 배 더 필요하다는 것을 의미한다. 그 골프장은 고객에게 더 높은 라운드 비용을 청구해야 할지도 모른다. 따라서 해가 갈수록 잔디 관리 기술이 더욱 발전하고 있고 각종 스트레스에 강한 잔디 품종들이 출시되면서 1개의 그린이 선호되는 추세에 있다. 1개의 퍼팅그린으로도 각종 스트레스를 극복할 수 있다는 잔디관리자들의 실력과 자신감이 반영된 결과이다. 하지만 골프장 내장객이 너무 많거나 잔디 생존에 큰 위험이 되는 동계 영업을 매년 쉬지 않고 지속한다면 어떻게 될까? 억대 연봉의 그린키퍼라 하더라도 1개의 퍼팅그린 유지가 쉽지 않을 것이다. 아마도 봄이면 코스관리팀 직원들은 죽은 잔디 보식에 많은 시간을 보내야 할지 모른다.

많은 골프장은 운영비용을 절감하기 위해 점점 더 관리에 필요한 면적을 줄이고 있다. 골프장 코스에서 단위면적당 관리비용이 가장 많이 필요한 곳은 퍼팅그린이다. 따라서 1개의 퍼팅그린을 운영하는 것은 이중그린 운영보다 잔디관리에 필요한 비용과 노력을 크게 줄일 수 있다. 그린의 크기를 줄이는 것은 환경에도 좋다. 그렇다고 그 크기를 무한정 줄일 수는 없다. 골퍼들이 좁은 그린을 싫어하기 때문이다. 그럼 플레이할 때 두 개의 그린 중 어느 곳을 공략하면 좋을까? 보통은 라운드 전반과 후반에 홀컵 위치가 바뀐다. 그래서 이중그린 중에서 깃대가 있는 그린을 공략하면 된다.

용어 알아보기

· 골프 코스관리(Golf course management): 골프장 내의 잔디, 수목 및 시설물들을 관리하는 것을 말한다.
· 대체그린(Alternate green): 정규그린의 앞이나 옆에 위치하며 정규그린을 보호할 목적으로 사용되는 그린이다. 보조그린이라고도 부른다. 보통 겨울철의 비생육기나 정규그린 문제 발생 시 등에 이용된다. 우리나라 골프장에서 채택되고 있는 이중그린(Double green)은 9홀 골프장에서 운영하는 것처럼 1개 홀에 2개의 그린을 조성해서 동등하게 이용하는 형태의 그린이다.
· 연습그린(Practice green): 퍼팅을 연습하기 위해 조성한 그린을 말한다. 대개 클럽하우스와 첫 번째 홀의 티잉 그라운드 사이에 위치해 있다.

골퍼를 위한 TIP!

▶ 사용하지 않는 그린에 공이 올라갔을 때에는?

사용하지 않는 그린에 공이 올라갔을 때에는 그대로 치면 안된다. 공이 놓여있는 가장 가까운 그린 밖에서 드롭한 후 쳐야 한다. 그렇지 않으면 2벌타가 따른다. 하지만 사용하지 않는 그린을 스루 더 그린으로 정하는 로컬룰을 둘 수 있다. 그럴 때는 퍼터나 웨지, 아이언으로 샷을 할 수 있다.

12. 골퍼들의 샷으로 만든 그린 위 볼마크!! 잔디는 죽을까? 살까?

본문 미리보기

볼마크는 티 샷이나 아이언 샷 등으로 인해 잔디 위에 생기는 공 자국이다. 퍼팅그린 잔디는 공이 떨어질 때의 충격을 흡수하기에 잎과 줄기의 길이가 너무 짧다. 그래서 퍼팅그린 잔디에서 볼마크가 많이 발생한다. 볼마크는 바로 수리하지 않으면 퍼팅에 방해되고 식물체 일부도 죽는다. 공에 의해 잎과 줄기가 눌린 상태이고 뿌리층이 토양과 분리되어 건조에 노출되기 때문이다. 골프장마다 주로 아주머니들로 구성된 볼마크 수리 전담팀을 운영한다.

여러분에게 무게 45.93g, 지름 42.67㎜의 공이 150m 거리에서 날아온다면? 우리가 잘 아는 프로 골프선수인 타이거 우즈(Tiger Woods)의 티샷 속도는 시속 288㎞. 골프 좀 치는 주말 골퍼도 보통 시속 200㎞가 나온다. 미국 야구 메이저리그의 류현진 선수가 가장 빠르게 던지는 공도 시속 150㎞에 불과하다. 그러니 그런 공에 맞는다면 끔찍한 일이 아닐 수 없다. 골프장 코스 위 잔디는 그 빠른 속도로 날아오는 골프공에 매일 노출된다. 골프장 잔디 입장에서는 한마디로 마른하늘에 날벼락이다.

마른 하늘에 날벼락은 골프장 잔디가 늘 접하는 상황이다. 공에 맞는 잔디는 그 충격에 움푹 들어간다. 볼마크(Ball mark) 또는 피치마크(Pitch mark)로도 불리는 공 자국이다(그림 1-28). 잔디용어사전을 보자. 볼마크는 "골프공이 떨어질 때의 충격에 의해서 잔디 표면이 움푹 패인 자국"으로 모양은 골프공 크기의 원형 또는 타원형이다. 볼마크는 토양이 모래 위주로 된 퍼팅그린에서 주로 발생된다. 너무 빠른 속도로 좁은 면적에 가해진 충격이기 때문에 잔디가 갖는 특유의 완충 능력은 발휘할 수가 없다. 잎은 눌려 뭉개지고 뿌리는 기존보다 더 밑으로 들어간다. 잎은 광합성을 제대로 하기 어렵고, 뿌리도 눌리면서 토양과 층이 생겨 물과 양분 흡수에 어려움을 겪는다. 잔디 조직과 토양이 연약해지는 비 오는 날에는 자국이 더욱 깊이 만들어진다.

볼마크 가장자리에 있는 잔디도 문제다. 공에 맞은 부분이 밑으로 들어가면서 볼마크 테두리는 주변 잔디보다 위로 올라간다. 그 부분 잔디도

그림 1-28 골퍼들의 샷으로 생긴 퍼팅그린 위 볼마크. 볼마크는 얼마나 빨리 수리하느냐에 따라 죽는 부위인 흔적의 크기가 달라진다. 그대로 두면 다른 골퍼들의 플레이에도 방해가 된다.

볼마크로 들어간 잔디처럼 생사의 갈림길에 선다. 왜냐하면 뿌리가 위로 올라가면서 토양과의 간격이 생기면서 분리되기 때문이다. 그러면 뿌리는 토양 속에 있는 물과 양분 흡수에 차질을 빚게 된다. 만약 잎의 증산이 많은 여름철이라면 건조로 죽기 딱 좋은 상황이다.

특히 퍼팅그린 잔디는 페어웨이 잔디에 비해 잎과 줄기의 길이가 짧아 공이 떨어질 때의 충격을 완충하는 능력이 떨어진다. 공중에서 그린 표면으로 공이 떨어질 때의 높이도 높아 중력의 영향을 더 많이 받는 편이다. 그래서 볼마크가 깊이 생긴다. 티샷 후 공이 떨어지는 페어웨이에서도 볼마크는 생긴다. 하지만 페어웨이는 면적이 넓어 볼마크가 쉽게 눈에 띄지 않는다. 잎과 줄기의 길이도 퍼팅그린에 비해 상대적으로 훨씬 길어서 충격을 흡수하기 때문에 퍼팅 자국이 깊게 생기지 않는다.

그럼 볼마크는 어떻게 할까? 그냥 두면 잔디의 일부가 죽을 확률이 크다. 퍼팅그린이라면 움푹 들어간 볼마크는 다른 골퍼의 플레이에 방해가 될 수 있다. 그래서 골프장 퍼팅그린 주변에서는 볼마크 수리 전문가들이 마치 군대의 5분대기조처럼 대기하고 있다. 주로 아주머니들로 구성된다. 그들은 포크 모양의 볼마크 수리기를 이용해서 패인 자국을 수리하여 잔디표면을 평탄하게 복구시킨다. 여름철에는 수리된 볼마크에 물을 줄 수 있는 주전자도 준비되어 있다. 하지만 복구된 볼마크 자국의 잔디가 모두 살 수 있는 것은 아니다. 지나치게 큰 충격을 받았거나 건조한 여름 또는 물을 줄 수 없는 혹한의 겨울에는 뭉개진 잎과 줄기가 죽기도 한다. 면적이 너무 넓어서 볼마크를 즉시 수리하기가 어려운 페어웨이나 퍼팅그린 주변 잔디는 볼마크 수리팀의 도움이 없기 때문에 독자적으로 생존해야 한다.

· 볼마커(Ball marker): 골프 플레이 중 그린 위에 올라가 있는 볼을 집어 올릴 볼의 지점으로 리플레이스 하지 않은 볼의 지점을 마크하기 위하여 사용하는 인공물, 물건 등을 말한다. 보통 판매되는 볼마커나 동전 등이 사용된다. 골프공이 떨어질 때의 충격에 의해서 잔디 표면이 움푹 패인 자국인 볼마크(Ball mark)와 다르다.

· 완충능력(緩衝能力, Resiliency): 탄성이나 탄성력이라고도 한다. 공이나 사람의 발 또는 기타의 물체가 잔디의 표면에 떨어지거나 밟힌 후 누운 잔디가 다시 원래의 잔디로 되돌아가는 능력을 말한다. 즉, 압력이 제거되었을 때 잔디 잎이 원상태로 빨리 되돌아오는 것이다. 답압에 견디는 잔디의 필수적 성질이다. 겨울철에 잔디가 얼면 완충능력은 현저하게 줄어든다.

▶ 골퍼가 친 공이 지면에 박히면?

공의 일부분이 지표면 아래로 묻힐 수 있다. 자체의 힘으로 만들어진 볼마크 안에 있기도 한다. 공이 떨어질 때 공의 무게와 속도에 의해 지면이 들어간 자국이다. 스루 더 그린의 잔디를 짧게 깎은 구역에서 공이 지면에 박힌 경우 벌타 없이 집어 올려서 닦을 수 있다. 공이 놓여 있던 가까운 지점에서 드롭할 수 있다. 하지만 러프에서 박힌 공은 원칙적으로 구제받을 수 없다. 비가 오거나 코스가 축축할 때 페어웨이나 러프 구분 없이 스루 더 그린에서 지면에 박힌 공은 벌타 없이 구제받을 수 있도록 로컬룰을 두기도 한다.

13. 퍼팅그린 잔디에
노란 선이 생겼다면?

본문 미리보기

골프장 퍼팅그린에서 언듈레이션이 심하면 퍼팅의 난이도는 높아진다. 골퍼들 사이에 실력을 구별하기에는 도움이 된다. 하지만 언듈레이션은 균일한 잔디깎기에 방해가 된다. 잔디 표면의 높낮이가 균일하지 않기 때문이다. 어느 지점은 과하게 깎이고 또 어느 지점은 덜 깎일 수 있다. 그때 녹색 잎이 과다하게 제거되어 잔디밭이 갈색으로 보이는 스캘핑이 발생한다. 스캘핑 발생은 요철이 많은 퍼팅그린에서 자연스러운 현상이다. 스캘핑의 정도가 심하지 않다면 보통은 길지 않은 시간 내에 잔디 스스로가 원래의 상태로 회복한다.

골프를 하다 보면 티잉 그라운드나 페어웨이에서 노란색의 일직선이 보일 때가 있다. 퍼팅그린에서도 간혹 보이기도 한다. 그 부분은 보통 잔디 표면이 고르지 않다. 병이나 해충 피해로 오해할 수 있다. 농약이나 비료 때문에 그렇다고 생각할 수 있다. 다양한 원인이 있지만 보통은 스캘핑에 의한 현상이다. 과연 스캘핑은 여러분의 샷이나 퍼팅에 얼마나 영향을 줄까?

스캘핑(Scalping)은 잔디밭 예초를 할 때 녹색 잎을 과다하게 제거할 경우 그루터기가 나타나면서 갈색으로 보이는 현상을 말한다(그림 1-29). 식물체 아래에 있는 그루터기 부분은 우리 눈에 보이는 지상부 잎과 줄기로 인해 햇빛을 상대적으로 적게 받거나 받지 못했기 때문에 보통 갈색의 상태로 있다. 따라서 잔디를 갑자기 너무 낮게 자르면 그 부분이 드러나기 때문에 갈색으로 보인다. 그것이 스캘핑이다. 영어 단어인 Scalp의 사전적인 의미는 "껍질을 벗기다"이다. 마치 칼로 사과 껍질을 깎으면 과육이 드러나는 것처럼 녹색의 잔디를 갑자기 너무 낮게 자르면 갈색의 면이 드러난다는 의미에서 유래된 것으로 보인다. 즉 스캘핑은 잔디밭 표면에서 녹색 부분이 없어진다는 뜻이다. 아쉽게도 우리 말 단어는 없다. 만약 스캘핑이 심해 관부의 분열조직까지 제거된다면 그 식물체는 죽는다. 잔디가 죽은 부분은 옆의 잔디가 자라서 채울 때까지는 그 상태로 있게 된다. 그러면 스캘핑은 어떤 경우에 일어날까?

그림 1-29 크리핑 벤트그래스 퍼팅그린에서 발생한 스캘핑 증상. 스캘핑은 잔디를 한 번에 너무 낮은 높이로 깎으면 발생하는 현상이다. 골프장, 파크골프장, 묘지, 운동경기장 등 어떤 잔디밭이라도 생길 수 있다. 잔디를 일정한 높이로 주기적으로 깎아야 스캘핑을 방지할 수 있다. 만약 잔디밭 예고를 낮추고자 한다면 몇 번에 걸쳐서 조금씩 낮추면서 잔디를 깎아야 한다.

스캘핑은 표면이 고른 잔디밭에서는 잘 일어나지 않는다. 보통의 예초 작업은 예초기에 예고를 설정하고 일정한 높이로 깎기 때문이다. 그래서 스캘핑은 잔디밭 표면이 불규칙할 때 생길 수 있다. 고른 면을 기준으로 자르다 보면 불규칙하게 튀어나온 면이 더 많이 잘리게 된다. 골프장 퍼팅 그린에 언듈레이션(Undulation)이 심한 경우 일어나기 쉽다. 언듈레이션은 지형을 높거나 낮게 해서 퍼팅그린 공간을 아름답게 표현하거나 골프코스(보통 퍼팅그린이나 페어웨이)의 난이도를 조절하기 위한 목적으로 만든다. 따라서 언듈레이션이 심한 골프 코스일수록 잔디관리는 더 어렵고 예초에 더 많은 시간이 필요하다. 그렇기 때문에 예초 작업을 하는 작업자의 숙련도에 따라서도 스캘핑 발생은 차이를 보일 수 있다.

잔디밭에 대취가 너무 과도하게 축적되거나 오랜만에 잔디를 깎을 경우에는 관부가 위로 더 올라오기 때문에 스캘핑이 일어날 확률은 더 높아진다. 그래서 스캘핑은 1년에 한번씩 벌초를 하는 묘지에서 흔하다. 1년간 길어진 잔디 지상부를 벌초 때 한 번에 낮게 깎기 때문에 햇빛을 보지 못한 아래 부분이 드러나기 때문이다. 심한 경우에는 생장점이 있는 관부를 자르기도 한다. 그렇게 오랜만에 진행되는 낮은 높이의 예초는 산소에서 잔디의 지상부 밀도를 떨어뜨리는 주된 이유이기도 하다. 따라서 잔디밭에서 스캘핑을 방지하려면 표면을 고르게 하고 주기적으로 깎아야 한다. 예고를 낮출 때에도 여러 번 깎으면서 서서히 낮춰야 한다. 그래야 잎과 줄기를 생장점인 관부 위로 유지하면서 잔디를 죽이지 않고 잔디밭 품질도 유지할 수 있다.

스캘핑에 의해 피해를 받은 잔디가 원래대로 회복하는 시간은 잔디 종류나 식물체 상태에 따라 다르다. 스캘핑의 깊이, 잔디 조직 속에 남아있는 저장 탄수화물의 양, 손상되지 않고 남아있는 생장점의 수, 온도·수분·광 등 식물체와 환경 조건이 좋은 상태라면 원래의 상태로 빨리 회복된다. 그리고 스캘핑 깊이가 얕고 피해 부위가 적으면 적을수록 회복은 빠르다. 그 반대의 경우라면 당연히 원래 상태로의 회복은 더디게 된다. 그렇다면 스캘핑은 골퍼의 샷이나 퍼팅에 얼마나 영향을 미칠까? 페어웨이나 티잉 그라운드에서의 샷에는 큰 문제가 없다. 하지만 퍼팅그린에서는 다를 수 있다. 스캘핑의 깊이가 깊었을 때 공이 퍼팅 라이 선상에 있다면 영향을 받을 수 있기 때문이다. 만약 스캘핑 자국이 여러분의 퍼팅을 방해한다면 캐디에게 어필해서 로컬룰을 적용해서 해결해야 한다.

용어 알아보기

· 그루터기: 풀이나 나무 또는 곡식 따위를 베어 내고 난 뒤 남은 밑동을 말한다.
· 벌초(伐草): 벌초는 부모와 조부모를 포함해 조상 묘의 잡풀을 베고 다듬어서 깨끗이 하는 행위를 말한다. 일반적으로 일년 중 봄과 가을 두 번 진행한다. 봄 벌초는 한식, 가을 벌초는 추석 무렵에 진행하는 것이 보편적이다.

가드너를 위한 TIP!

잔디밭 정원에서도 스캘핑이 발생할 수 있다. 잔디를 주기적으로 자르지 않으면 그렇다. 잔디밭을 제대로 관리하기 위해서는 가족의 합의로 예초 간격과 날짜를 정하자. 예초를 할 때 일을 분담하는 것도 좋은 방법이 될 수 있다. 예초를 끝낸 후에는 가든 파티를 추천한다. 잔디 깎은 후에 풀 냄새를 맡으며 즐기는 가든 파티는 가족의 친밀도를 높이고 잔디의 스캘핑도 방지할 수 있다.

14. 퍼팅그린 위 홀컵 위치는 왜 자주 바뀔까?

본문 미리보기

퍼팅그린에서 홀컵 위치가 바뀌는 주된 이유는 잔디를 보호하기 위함이다. 퍼팅그린에는 여러 지점에 홀컵을 만들 수 있다. 보통은 잔디 표면이 편평한 지점이다. 골프장 코스관리 팀 직원은 홀컵을 옮기면서 18홀 전체 퍼팅그린의 잔디 상태를 점검한다. 홀컵의 이동은 골퍼의 목표 지점을 다르게 한다는 점에서 골프의 재미를 더할 수 있지만, 보다 근본적인 이유는 퍼팅그린 잔디를 좋은 상태로 유지하기 위함이다.

골퍼들은 라운드를 할 때 퍼팅그린의 핀 위치에 늘 만족할 수는 없다. 핀이 쉬운 곳에 있으면 퍼팅수가 적어지니 스코어는 낮아지고 즐거운 라운드가 될 텐데, 골퍼가 원하는 위치에만 항상 있지 않다. 홀컵 위치가 바뀌는 것은 골퍼의 목표 지점을 다르게 한다는 점에서 골프의 재미를 더할 수 있기도 하다. 퍼팅은 지름 42.67㎜의 골프공을 홀컵에 넣는 것이다. 홀컵의 규격을 보자. 홀컵 원통의 직경은 108㎜, 깊이는 101.6㎜ 이상이다, 지면으로부터 최소한 25㎜ 아래에 묻힌다. 핀은 홀컵에 꽂기 때문에 그 위치는 홀컵에 따라 변하게 된다. 보통은 하루 한 번에서 두 번 바뀐다. 오전과 오후에 홀컵의 위치가 달라진다. 왜 매일 홀컵 자리가 바뀔까?

퍼팅그린에서 홀컵 위치가 바뀌는 주된 이유는 잔디를 보호하기 위함이다. 18홀 골프장에 하루 80팀이 방문한다고 가정해 보자. 골프는 보통 4인이 함께 즐기니 80팀이라면 320명의 골퍼가 골프를 치는 셈이다. 320명이

그림 1-30 홀컵 주변의 골퍼 발자국. 골프장에서는 잔디에 스트레스가 되는 답압을 줄이기 위해 홀컵 위치를 매일 바꾼다. 마치 천연잔디운동장에서 잔디 보호를 위해서 축구 골대를 주기적으로 이동시키는 것과 비슷한 경우라 할 수 있다.

홀컵 주변에서 잔디를 밟으며 퍼팅을 한다고 상상해 보라. 게다가 초보 골퍼가 많은 날이라면 퍼팅수는 배로 늘어날 수도 있다. 퍼팅수가 1회 늘어나면 640명이 홀컵 주변의 잔디를 밟게 된다(그림 1-30). 게다가 캐디와 볼마크 수리 아주머니들도 홀컵 주변 위주로 밟는다. 골퍼들이 홀컵을 보고 공략하기 때문에 그 주위에 볼마크가 몰려 있기 때문이다.

식물체 높이가 몇 ㎜에 불과한 잔디 입장에서는 매일 수백 명이 밟는 답압에 견디기 힘들다. 그래서 잔디의 생육과 생존을 위해서라면 홀컵의 위치는 자주 바뀔수록 좋다. 하지만 홀컵이 자주 바뀌면 그만큼 일할 사

람이 더 필요하다. 홀컵 위치를 바꾸는 작업이 그린의 경사를 살펴서 해
야 하는 예민한 과정이니 기계작업은 안된다. 아주 어려운 지점에 홀컵이
있다면? 그날의 홀컵 담당자는 민감한 주말 골퍼들의 비난을 각오해야 한
다. 게다가 홀컵 위치 때문에 코스 공략이 어려워지면 골프장의 고객 유
치에도 문제가 생길 수 있다. 그래서 일부 골프장에서는 경기 시간을 빠
르게 하고 답압을 조금이라도 줄이기 위해서 컨시드 라인을 그려놓기도
한다. 컨시드 라인으로 인해 골퍼들이 홀컵 주변에 머무르는 시간이 짧아
지면 잔디의 스트레스를 줄일 수 있기 때문이다(그림 1-31).

골프장 코스관리자인 그린키퍼는 보통 하루 1~2회 홀컵 위치를 바꾼다.
18홀 골프장이라면 하루에 36개의 홀컵을 뚫어야 한다. 골프 대회가 열린

그림 1-31 모래로 만든 퍼팅그린 위 컨시드 라인. 골프장에서 라운드 시간과 답압을 줄이기 위해
흔히 사용하는 방법이다. 컨시드 라인은 홀컵을 옮길 때 모래를 빗자루로 쓸어서 없앨
수 있다. 가운데 홀컵 흔적이 있고 주변에 여러 개의 볼마크가 보인다.

다면 1회 정도 더 바꿀 수도 있다. 골프장 코스관리자는 홀컵을 뚫으면서 잔디의 상태를 관찰한다. 관찰한 내용은 팀장에게 보고된다. 문제가 있다면 정밀한 관찰이 동반되고 정확한 진단과 처방이 이루어진다. 잔디가 감기에 걸리지 않았는지 부상을 당하지 않았는지, 그 상태를 보면서 감기약을 처방할 수도 있고 연고를 바르기도 한다. 양분이 부족해 얼굴이 누렇게 떠 있다면 흡수가 빠른 영양제를 주기도 하고 때론 면역력을 강화시키는 보약을 주기도 한다. 만약 여러분이 골프장 그린에서 홀컵 담당자를 보신다면? 그는 입원한 환자의 상태를 점검하기 위해 아침에 회진하는 잔디 의사라고 생각해도 좋다.

<hr>

용어 알아보기

· 코스관리자(Greenkeeper): 골프장에서 근무하는 잔디, 수목 및 시설물들을 관리하는 사람을 총칭한다. 우리나라에서는 그린키퍼라고 하며, 미국에서는 슈퍼인텐던트(Superintendent)라고 부른다.
· 핀(Pin): 홀에 꽂힌 깃대를 말한다.

<hr>

골퍼를 위한 TIP!

▶ 홀컵 주변 원형의 모래 라인의 의미는?

컨시드(concede)를 표시하는 원이다. 여기서 컨시드는 인정하다의 의미이다. 골프 용어에서는 한 번의 퍼트로 넣을 수 있는 그린 위 공의 거리이다. 골프공이 원 안으로 들어가면 홀인으로 인정하여 다음 퍼트를 하지 않아도 된다. 공이 홀컵에 아주 가깝게 붙어 있음을 인정한다는 뜻이다. 아마추어의 경우에는 빠른 경기진행 속도를 위해 또는 상대방을 배려하기 위해 컨시드를 주고받는다. 우리나라에서는 컨시드를 줄 때 오케이(Okay)라고 외친다. 외국에서는 Gimme(Give me, 아주 짧은 퍼트), Give(주다, 베풀다)라는 표현을 더 많이 사용한다. 프로경기에서도 매치 플레이나 스킨스 경기에서 컨시드를 줄 때도 있다. 컨시드는 골퍼에 따라 홀인으로 인정할 수 있는 거리가 다를 수밖에 없다. 그래서 많은 골프장에서는 홀컵으로부터 약 1m 거리에 모래로 만든 원형의 라인을 그려 만든다.

정원 잔디밭에 평상이나 의자 등이 있다면 주기적으로 자리를 바꿔주는 것이 좋다. 그늘은 노출되어 있는 곳에 비해 상대적으로 광량이 적고 습도가 높으며 통풍이 잘 되지 않아 잔디 생육에 치명적이기 때문이다. 정원에 심을 수 있는 잔디 종류인 들잔디, 금잔디, 켄터키 블루그래스 모두 그늘에서 생육이 부진하다. 그들은 햇빛을 많이 필요로 하는 종류이기 때문이다. 그늘 아래에 있는 잔디는 가늘어지고 연약해져서 병충해에도 매우 약해진다. 작은 답압에도 피해가 심하다. 자연스럽게 잔디의 지상부 밀도가 낮아지면서 죽는 식물체가 늘어나게 된다.

15. 퍼팅그린에 구멍과 모래가 있는 이유는?

본문 미리보기

한지형 잔디인 크리핑 벤트그래스가 식재되어 있는 퍼팅그린 위에서는 봄과 가을에 작은 구멍과 모래가 자주 보인다. 갱신작업의 흔적이다. 갱신작업은 잔디밭에서 토양 표면을 완전히 파괴하지 않고 구멍을 뚫거나 표면을 절개하여 근권(뿌리층)의 토양물리성과 토양화학성을 개선하기 위한 과정이다. 잔디밭 갱신작업은 토양 속 공기 순환과 수분의 이동을 원활하게 한다. 갱신작업은 잔디 생육이 좋을 때 하는 것이 일반적이다. 왜냐하면 잔디가 잘 자라는 시기에 실시해야 갱신으로 인해서 훼손된 그린 표면이 빠른 시간 내에 회복될 수 있기 때문이다. 그래서 일반적으로 한지형 잔디는 봄과 가을, 난지형 잔디는 여름철에 갱신작업을 실시한다. 잔디의 건강을 위해 갱신작업은 반드시 필요한 과정이기는 하지만, 골퍼에게는 그 흔적이 사라질 때까지 그린스피드와 라이에 영향을 받을 수밖에 없다. 골퍼들은 봄과 가을에 갱신작업이 끝난 퍼팅그린에서는 지혜롭게 전략을 수립해야 한다.

골프장에서 라운드를 하다 보면, 퍼팅그린에 유난히 모래가 많을 때가 있다. 퍼팅을 할 때 라이가 변하기도 하고, 때로는 공에 모래가 묻어서 불편하기도 하다. 멀리 다른 홀에서는 모래를 뿌리고 있는 장비가 보이기도 한다. 왜 그럴까?

먼저 퍼팅그린의 잔디와 토양 상태를 이해하는 것이 필요하다. 퍼팅그린에서 잔디의 지상부 밀도(단위면적당 줄기의 수)가 낮아지는 이유는 보통 병해충잡초나 재해 그리고 토양에 문제가 생겨 일어나는 경우가 대부분이다. 예를 들어, 배수가 원활하지 않으면 토양 속 공기순환에 문제가 생겨 잔디의 뿌리 호흡은 지장을 받게 된다. 배수가 원활하지 않게 된 주된 이유는 내장객들과 장비의 답압으로 인해서 토양이 단단해지기 때문이다.

그래서 골프장 퍼팅그린 토양은 답압에 강한 USGA 지반을 기본으로 한 다(그림 1-32). 미국골프협회(USGA)가 고안한 USGA 지반은 모래와 자갈로 이루어져 답압에도 배수가 잘 되도록 운동경기장에 특화된 토양이라 할 수 있다.

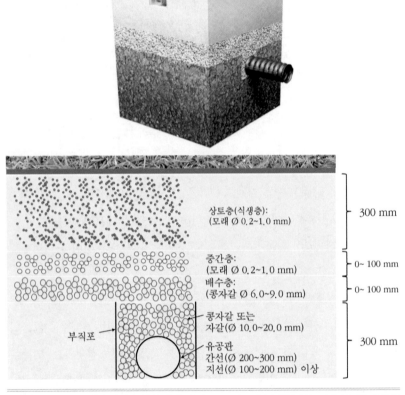

그림 1-32 USGA 그린의 단면도(위쪽 사진, 출처: GCM 2018년 6월호, Brian Whitlark). 스포츠 현장에서는 USGA 지반을 변형하여 운동장 지반을 조성하는데 활용하고 있다. 아래 그림은 USGA 퍼팅그린 지반을 응용한 단면도이다. 지반은 모래와 자갈로 이루어져 있 고, 아래쪽에 배수관이 있어서 배수가 잘 되도록 설계되어 있다.

골프와 가드너를 위한 잔디밭 사계

그럼 퍼팅그린에서 갱신작업은 왜 필요할까? 밭에서 자라는 작물을 상상해 보자. 노지에서 재배되는 작물은 보통 가을에 수확을 한다. 밭 주인이 봄부터 가을까지 작물을 재배했던 토양은 이른 봄에 경운작업을 통해서 흙을 위아래로 갈아엎어 토양의 물리성과 화학성을 개선할 수 있다. 봄부터 가을까지 생육기 중에 작물이 배출한 토양 속 유해가스나 유해물질을 경운작업으로 제거하기 위함이다. 하지만 퍼팅그린은 현실적으로 경운작업이 불가능하다. 경운작업을 하게 되면 퍼팅그린이 완전히 망가져 영업을 할 수 없기 때문이다. 이때 필요한 것이 퍼팅그린의 갱신작업이다. 갱신(更新)은 "다시 새로워진다"라는 의미이다. 따라서 갱신작업은 퍼팅그린 토양을 완전히 파괴하지 않고 매년 조금씩 조금씩 진행하면서 물리성과 화학성을 개선하는 과정이다.

잔디밭 갱신작업은 코어링(Coring), 슬라이싱(Slicing), 스파이킹(Spiking), 버티컷팅(수직예초, Verticutting) 등 다양한 방법으로 할 수 있다. 위의 갱신 방법은 조금씩 차이를 보이지만 이들을 간단하게 요약하면 토양에 구멍을 뚫어주거나 표면을 절개하는 작업이라 할 수 있다(그림 1-33). 코어링을 예로 들어보자. 다양한 굵기의 스테인리스 막대(타인, Tine)를 장비에 연결해서 물리적인 힘으로 퍼팅그린 토양에 구멍을 낸다. 이때 막대는 속이 비어 있을 수도 있고 그렇지 않을 수도 있다. 비어 있는 막대는 퍼팅그린 토양 일부를 꺼내면서 구멍을 생기게 한다. 이때 구멍에는 신선한 모래로 채워 넣는다. 속이 비어 있지 않은 막대를 이용해서 코어링을 한다면 시간이 흐르면서 그 구멍은 저절로 메워지게 된다. 이외에도 퍼팅그린 토양층을 수직으로 절개하는 방법(버티컷팅)도 있다. 이런 방법을 통해 토양 속 공기 순환과 수분 이동을 돕는 것이다. 자연스럽게 퍼팅그린의 토양 상태가 개선되어 잔디의 생육이 활발해진다. 위의 방법들은 퍼팅그린에만 적용하지는 않는다. 골프장 페어웨이나 티잉 그라운드, 월드컵경기장이나 프로야구경기장에도 적용한다. 그런 스포츠 경기장에도 답압에 의한 잔디 스트레스는 존재하기 때문이다. 다만 갱신 시기와 방법은 잔디가 받는 스트레스의 유형과 정도에 따라 다르게 해야 한다.

갱신작업은 장기적으로 퍼팅그린 토양의 물리성과 화학성을 향상시키기 때문에 잔디 생육에 큰 도움을 준다. 하지만 단기적으로는 부정적인 영향을 끼친다. 갱신 직후에는 퍼팅그린 표면의 훼손을 감수해야 하기 때문이다. 뿌리가 드러날 수도 있으니 건조 피해나 병해충잡초 피해를 입을 수 있다. 따라서 갱신의 긍정적인 효과는 보통 타인의 굵기나 깊이에 비례하지만, 그만큼 피해도 비례해서 커질 수 있다. 타인의 굵기가 굵고 깊이가 깊을수록 퍼팅그린에 새로운 토양이 많이 들어가기 때문에 갱신작업 효과는 크지만 잔디의 건조 피해나 골퍼들의 불만도 커지게 된다. 그래서 갱신작업은 잔디 생육이 좋을 때 실시하는 것이 일반적이다. 잔디 생육이

그림 1-33 골프장에서 장비를 이용하여 퍼팅그린 갱신작업을 진행하는 장면(왼쪽 사진). 갱신작업 후 퍼팅그린에서 토양 일부를 빼내면서 구멍이 생긴다(오른쪽 사진). 그곳에 모래를 채우면 갱신작업은 끝난다. 갱신작업은 토양의 물리성과 화학성을 개선해서 토양 속 공기 순환과 수분의 이동을 원활하게 한다.

골프와 가드너를 위한 잔디밭 사계

좋을 때는 갱신으로 인해서 훼손된 지표면이 빠른 시간 내에 회복될 수 있기 때문이다. 그래서 보통 한지형 잔디는 봄과 가을, 난지형 잔디는 여름철에 갱신작업을 한다.

우리나라 골프장에서 퍼팅그린 위에 구멍이 생기고 모래가 많은 시기는 봄과 가을이다. 그린에 식재되어 있는 잔디가 봄과 가을에 잘 자라는 한지형 잔디인 크리핑 벤트그래스이기 때문이다. 갱신작업은 작업 규모에 따라 다르지만 보통 1~3주 정도면 원래의 상태로 거의 회복된다. 갱신작업이 없다면 오랜기간동안 좋은 상태의 퍼팅그린 유지는 어렵다. 내장객이 많은 골프장일수록 갱신작업을 자주 해야 한다. 하지만 골퍼 입장에서 퍼팅그린 갱신작업은 좋은 뉴스가 아니다. 골퍼에게는 갱신작업 흔적이 회복될 때까지 그린스피드와 라이가 영향을 받을 수밖에 없기 때문이다. 만약 갱신작업을 하는 시기라면, 골프장은 고객에게 그린 상태를 공지하고, 고객인 골퍼는 그 상황을 파악한 후 플레이에 임하는 것이 좋다.

용어 알아보기

· 경운작업(耕耘作業): 토양의 표면을 부드럽게 하고, 공기순환을 좋게 하며 수분관리를 목적으로 토양을 뒤집는 것을 말한다.

· 토양물리성(土壤物理性, Soil physical property): 토양의 경도, 입자 크기, 투수력 등의 성질이다. 토양의 종류, 단단함 정도나 물빠짐과 관계가 깊다.

· 토양화학성(土壤化學性, Soil chemical property): 토양의 화학적 조성, 화학적 특성 그리고 화학반응에 의한 성질이다. 토양은 공기, 물, 무기물, 유기물과 미생물이 혼합된 불균일한 혼합물이다. 토양의 화학성은 토양산도(pH), 양이온과 음이온의 상호작용, 전기전도도(EC), 양이온치환용량(CEC), 영양소의 이동과 변화 등으로 표현된다. 토양의 양분 보유 정도와 관계가 깊다.

▶ 비가 와도 물이 고이지 않는 퍼팅그린, 왜 그럴까?

골프장 퍼팅그린은 코스에서 답압이 가장 심한 곳이다. 그래서 퍼팅그린 홀컵은 오전과 오후에 위치가 바뀐다. 답압이 심해지면 잔디의 스트레스가 심해지고 배수에 문제가 생긴다. 토양의 물빠짐이 원활하지 않으면 잔디 뿌리의 호흡에 문제가 생겨서 생존과 직결된다. 미국골프협회(United States Golf Association)에서 고안한 USGA 지반은 그 고민을 해결하기 위해 배수시설을 설치하고 물빠짐에 좋은 모래토양을 넣어 만든 토양이다. 좀 더 자세하게 설명하면(그림 1-32), 잔디 뿌리가 있는 부분은 작은 모래로 식재층(30㎝)을 만들고 그 밑으로 왕사, 콩자갈 등 굵은 모래를 넣는다. 맨 아래에는 유공관(배수관)을 묻어 위로부터 내려온 물을 모아 다른 곳으로 보낼 수 있도록 했다. USGA 지반은 골프장 퍼팅그린을 목적으로 개발된 방법이지만, 축구장과 야구장 등 많은 운동경기장에서 변형하여 사용하고 있다. 모래 종류나 두께를 조금씩 조정하는 방식이다. 보통 TV에서 비가 오는 날에도 축구경기가 가능하거나 야구 경기 중에 비가 오면 내야에만 방수포를 잠깐 씌었다가 걷은 후에 경기를 재개할 수 있는 것도 잔디를 심은 외야 쪽(USGA 지반)은 배수가 잘되는 지반 덕분이다. 하지만 USGA 지반이 배수가 잘 된다는 것은 역으로 생각하면 물과 비료를 자주 줘야 한다는 것을 의미하기도 한다. 지반이 모래와 자갈로 이루어져 있어서 수분보유능력이 떨어지기 때문이다. 또한 USGA 지반은 초기 비용이 많이 들고 시공이 까다롭다는 것도 단점이다.

▶ 공 주변에 모래가 있다. 치울 수 있을까?

그린에 모래가 있을 때는 루스 임페디먼트로 간주된다. 골프에서 루스 임페디먼트는 코스 안에 있는 자연적인 장애물을 말한다. 그린 위에 있는 돌, 나뭇잎, 나뭇가지 따위가 경기에 방해되면 이를 제거할 수 있다. 손이나 클럽으로 치우면 된다. 하지만 그린 외에 페어웨이나 다른 지점에 있는 모래는 치우거나 건드리면 안 된다. 벙커샷을 할 때 튀어나온 모래가 있어도 치울 수 없다. 라이 개선으로 2벌타가 따른다.

잔디밭 정원도 배토가 필요하다. 토양이 빗물에 패이거나 쓸릴 수 있기 때문이다. 아이들이 흙을 파면서 놀 수도 있다. 한식이나 벌초와 같이 특별한 날에만 배토하는 것은 추천하지 않는다. 주기적으로 예초일에 조금씩 하는 것을 추천한다. 보통의 잔디밭 토양은 점토 함량이 높다. 많이 패인 곳은 동일한 토양으로 메우면 된다. 하지만 모래를 조금씩 배토하는 것도 괜찮다. 여름철에 비가 왔을 때 잔디밭을 밟아도 신발에 흙이 묻지 않고 잔디 잎에 모래가 묻어도 금방 떨어지는 장점이 있어서 잎 표면이 깨끗하니 보기에도 좋고 광합성에도 유리하다. 배토에 사용할 토양은 잔디밭 한켠에 보관해 두고 필요할 때마다 사용하면 된다. 사용하지 않을 때에는 빗물에 패지 않게 물을 막을 수 있는 재료로 덮어두도록 한다.

여름夏

1. 골프장에는 왜 큰 나무가 많을까?

본문 미리보기

골프장 코스에는 큰 나무들이 많다. 골프장에서는 다양한 목적으로 나무를 배치한다. 나무는 골프장을 아름답게 하고, 골퍼에게 거리와 방향을 안내하는 역할을 한다. 홀 사이의 나무는 골퍼의 프라이버시를 지켜주고 외부로부터 날아올 수 있는 공을 막아 안전에도 중요하다. 어떤 나무는 특정 홀의 이미지가 되어 골퍼들의 대화 주제가 되거나 쉴 수 있는 그늘을 제공한다. 골프 코스의 큰 나무는 한편으로 골퍼들에게 심리적인 장애물로 작용해 샷을 할 때 도전의 대상이 되기도 한다. 큰 나무를 포함해서 골프장의 모든 나무는 서식지로써의 기능도 있다. 골프장의 나무도 생태계의 일원이기 때문에 많은 동식물과 미생물의 서식처나 은신처가 된다.

골프장에는 큰 나무가 많다(그림 2-1). 골프장을 아름답게 하는 조연쯤으로 생각할 수 있지만 사실 숨겨진 역할이 많다. 라운드를 할 때 "저 나무가 왜 저기에 있지?"라고 자신이나 동반자들에게 질문을 해보라. 그러면 질문에 대한 답을 찾으면서 자신이나 동반자들에게 색다른 재미를 줄 수 있을지 모른다. 왜 골프장 코스에 큰 나무를 심는지 그 이유를 살펴보자.

골프장 코스에 있는 큰 나무는 골퍼의 플레이에 중요하다. 먼저 골프장의 나무는 골퍼에게 초록의 배경을 준다. 퍼팅그린 옆과 뒤에 있는 나무는 특히 좋은 초록 배경이다. 골퍼가 페어웨이에서 어프로치 샷을 하거나 파3 코스에서 티 샷을 할 때 그린 주변 나무들은 공에서 핀까지의 거리를 가늠하게 한다. 페어웨이에서 그린까지 큰 나무들이 줄지어 있다면 초

골프와 가드너를 위한 잔디밭 사계

록색 배경으로 공이 날아가면서 공을 식별하는 데 도움을 받기도 한다. 그리고 나무는 방향을 식별하는 데 도움이 될 수 있다. 특히 도그레그 (Dog leg)홀에서 매우 유용하다. 도그레그홀은 홀(Hole)이 마치 개의 뒷다리처럼 생겼다고 해서 붙여진 이름이다. 도그레그홀에서 나무는 주로 홀의 방향이 직선에서 곡선으로 이동하는 위치를 구분하기 위해 배치된다. 골퍼들은 줄지어 있는 나무들을 보고 방향을 잡아 전략을 짜거나 샷을 한다.

골프장에 있는 큰 나무는 골퍼의 프라이버시를 지켜주고 안전에도 중요하다. 큰 나무는 홀과 홀 사이를 구분하기 때문에 외부 소음을 차단한다. 만약에 도심 속 골프장이라면 나무들은 골퍼가 샷을 할 때 집중할 수 있도록 도움을 준다. 또한 큰 나무가 있는 홀에서는 다른 사람들의 시선이

그림 2-1 큰 나무가 줄지어 있는 골프장 코스(왼쪽 사진)와 연습그린 옆 나무들(오른쪽 사진). 골프장에서는 골퍼의 프라이버시 존중, 안전이나 방향 표시 등 다양한 목적으로 나무를 배치한다. 어떤 나무는 골프장이나 특정 홀의 상징이 되기도 한다.

나 소음으로부터 방해받지 않고 동반자들과 골프를 즐길 수 있다. 큰 나무가 줄지어 있다면 방풍림으로써의 기능도 있어서 바람을 막는다. 게다가 나무는 골퍼의 안전에도 매우 필수적이다. 초보 골퍼의 경우에는 샷을 할 때 공이 목표지점을 벗어나 옆 홀로 넘어가는 경우가 흔하다. 이때 홀 옆으로 줄지어 선 키 큰 나무들은 골프공이 옆 홀로 넘어가지 못하게 하는 벽 역할을 한다. 도심 속 골프장의 경우에는 코스 옆에 주거용 건물이 있거나 도로가 있을 수 있다. 골프공이 밖으로 날아가면 안전사고가 발생할 수 있고 재산상 손실로 이어질 수 있다. 이럴 때 골퍼와 이웃 주민의 안전과 직결되어 있어서 나무의 벽으로서의 기능은 그 무엇보다도 중요하다고 할 수 있다.

나무는 골프 경기에서 흥미를 더하는 데 도움이 되기도 한다. 어떤 골프장에서는 특정 나무 종류를 홀의 시그니처(Signiture)로 활용하기도 한다. 어떤 골프장은 홀마다 그 홀을 대표하거나 대변할 수 있는 시그니처 나무를 심어 멋진 풍경을 제공하고 스토리텔링의 주제로 만들기도 한다. 예를 들어, 안양베네스트 CC 1번 홀에 있는 살구나무와 2번 홀에 있는 벚나무는 유명하다. 시그니처 나무는 클럽하우스 앞이나 진입로에 있는 경우도 있다. 그 골프장을 방문했던 골퍼들은 골프장을 생각할 때마다 그 나무를 떠올릴지도 모른다. 한편 골프장의 큰 나무는 골퍼의 경기력에 직접적인 영향을 끼칠 수 있다. 예를 들어, 골프장의 나무는 골퍼에게 장애물로서 기능하기도 한다. 노련한 골프 코스 설계자에 의해 배치된 아주 크거나 길게 줄지어 선 나무는 골퍼가 티샷이나 아이언 샷을 할 때 심리적인 부담을 줄 수 있다. 그래서 큰 나무는 때로 도전의 대상이 되기도 한다. 반대로 경기력이 좋은 골퍼에게 장애물처럼 서 있는 나무는 재미를

골프와 가드너를 위한 잔디밭 사계

주는 요소가 될 수 있다.

골프 코스에 있는 나무는 휴식이나 안식처로서의 공간이 되기도 한다. 큰 나무가 골퍼에게 주는 가장 기본적인 기능 중 하나는 그늘이다. 무더운 여름철 티박스 옆에 있는 큰 나무는 골퍼에게 시원한 그늘이 된다. 동반자가 티샷을 할 때 나머지 골퍼들은 나무 밑에서 따가운 햇빛을 피한다. 나무 그늘은 햇빛을 차단하고 온도를 내려주기 때문에 장시간 운동을 하는 골퍼에게 좋은 휴식처가 된다. 하지만 그늘이 과도할 경우 그 밑에 있는 잔디 생육에는 도움이 되지 않는다. 잔디 잎이 햇빛으로부터 차단되어 광합성을 원활하게 할 수 없기 때문이다.

나무는 서식지로써의 기능도 있다. 골프장에서 나무는 생태계의 일원이기 때문에 많은 동식물과 미생물의 서식처나 은신처가 된다. 나무 자체일 수도 있고 나무 아래 토양 속이 될 수도 있다. 서식지로서 나무의 활용은 코스의 전반적인 미적 매력을 손상시키지 않는 범위 내에서 배치하는 것이 중요하다. 골프장 코스에서 볼 수 있는 어느 멋진 나무라도 위에 설명한 모든 기능을 담고 있을 수 없다. 나무가 위치한 지점에 따라 여러 가지 기능 중에서 한두 개의 역할을 수행해도 충분하다. 식물인 나무가 주변 온도와 대기오염을 낮춰주고 산소를 내뿜는 것만 해도 골퍼를 포함한 인간에게 이미 큰 선물이기 때문이다.

골퍼를 위한 TIP!

▶ **골프에서 사용하는 클럽의 종류는?**

골프에서 사용되는 클럽(골프채)은 드라이버, 아이언, 웨지, 퍼터로 나뉘고 각 클럽마다 특징이 있다. 1938년 골프규칙을 제정하는 영국의 왕립골프협회와 미국골프협회가 한 경기에서 사용할 수 있는 골프클럽의 개수를 골퍼 사이의 공정한 경쟁, 경제적인 문제, 무게의 문제 등의 이유로 14개로 제한하면서 지금까지 유지하고 있다. 골프규칙에서는 동반자와 공동으로 클럽을 사용하는 것도 엄격하게 금지하고 있다. 이러한 이유로 주말 골퍼들도 보통 14개의 클럽을 사용한다. 클럽의 구성은 골프 전략에 따라 다를 수 있다. 일반적으로 1번 우드(드라이버)와 퍼터는 기본이다. 아이언은 정확한 샷을 필요로 할 때 사용하는 클럽으로 보통 3번부터 9번까지 있고 번호가 커질수록 비거리가 짧아지게 된다. 아이언 숫자 1 차이는 대략 10m 정도씩 줄어든다. 다음은 피칭웨지(P)와 샌드웨지(S)가 있다. 피칭웨지는 그린 주변의 가까운 거리에서 홀컵에 가까이 붙이기 위한 용도로 많이 쓰이는 클럽이다. 샌드웨지는 벙커 탈출에 꼭 필요하다. 웨지의 특징은 각도가 커서 공을 높게 띄울 수 있다는 점이다. 이들 외에 남는 3~4개의 클럽은 개인의 전략과 취향에 따라 선택한다. 롱게임을 위해서 우드, 하이브리드, 유틸리티 아이언을 선택할 수 있고, 숏 게임의 정확도를 높이기 위해 피칭웨지를 각도에 따라 추가할 수 있다.

▶ 골퍼의 샷 종류는?

골프 샷(골프공을 클럽으로 때리는 행위)에는 기준에 따라 다양한 종류가 있다. 예를 들어, 드라이버(Driver)로 치는 샷(Shot)은 드라이버 샷, 아이언(Iron)은 아이언 샷, 웨지(Wedge)로 공을 칠 때는 웨지 샷이라고 부른다. 클럽 종류에 따른 샷도 있다. 티샷은 티잉 그라운드에서 티(Tee, 공을 올려놓는 나무나 플라스틱)에 공을 올려놓고 치는 샷을 말한다. 아이언샷은 보통 페어웨이에서 아이언으로 하는 샷을 말한다. 어프로치 샷은 그린 주변에서 하는 샷이다. 그 외에 칩샷(Chip shot), 피치샷(Pich shot), 로브샷(Lob shot), 퍼팅샷(Putting shot) 등이 있다. 칩샷은 공을 높이 띄우지 않고 짧고 낮게 날아가도록 하는 타법을 말한다. 피치샷은 그린 근처나 홀컵으로부터 멀지 않은 거리에서 공을 공중으로 높이 띄워 그린을 향해 보내는 샷이다. 일반적으로 웨지를 사용하여 높은 탄도로 그린을 공략할 때 사용한다. 로브샷은 클럽 로프트 각도를 크게 만들어 공을 공중으로 높이 띄우는 방법이다. 퍼팅샷은 퍼팅그린 위에서 공을 홀컵 안쪽으로 퍼터(Putter)를 이용하여 굴려서 넣는 것을 말한다. 퍼터를 가지고 샷을 하는 행위를 퍼팅(Putteing)이라고 한다.

가드너를 위한 TIP!

큰 나무 밑 그늘은 잔디에게 좋지 않은 환경이다. 그늘은 빛 투과량이 적어지고 상대습도가 증가한다. 공기가 정체되면서 잔디 표면의 이슬이 마르는 데 시간이 더 걸린다. 잔디 병원균에게 매우 유리한 환경이다. 게다가 잔디는 나무와 수분과 양분을 두고 경합해야 한다. 이러한 환경에서 잔디 세포의 엽록소 함량이 적어지면서 광합성량과 호흡속도가 줄어든다. 당연히 탄수화물 저장량이나 리그닌의 함량도 줄어든다. 결국 그늘 밑 잔디의 잎과 줄기는 가늘고 길게 자라약해지기 때문에 병해충 공격에도 취약하게 된다. 분얼경, 포복경, 지하경 등 줄기의 발생이 감소할 수 밖에 없다. 따라서 우리 눈에 보이는 그늘 밑 잔디는 지상부 밀도가 적어지고 키만 크게된다. 이럴 때는 어떻게 대처할까? 잔디밭 정원에서는 주변의 나무를 솎아서 통풍을 원활하게 하는 것이 좋다. 톨훼스큐와 같이 그늘에 강한 종류를 심도록 한다. 그늘 밑에만 다른 피복식물을 심는 것도 고려해 볼 수 있다.

2. 여름철 잔디밭에는
물을 얼마나 자주 줘야 할까?

본문 미리보기

여름철 라운드 중에 때때로 골프장 직원이 퍼팅그린에 물을 주는 것을 볼 수 있다. 때로는 페어웨이에서 스프링클러가 돌아가기도 한다. 골퍼 입장에서는 샷을 하거나 퍼팅할 때 방해를 받으면 불편할 수 있다. 하지만 이때의 퍼팅그린 관수는 아주 불가피한 경우에 속한다. 여름철 덥고 건조한 날씨가 지속되면 잔디의 생존이 촌각을 다툴 때가 있기 때문이다. 골프장 토양은 물을 담을 수 있는 능력이 떨어지는 모래로 이루어져 있기 때문에 건조에 매우 취약하다. 그럴 때마다 골프장 직원과 잔디의 입장을 생각하는 배려가 필요하다.

한여름에 라운드를 하다 보면 마실 물은 필수다. 모든 캐디들은 고객들을 위해 시원한 물을 준비한다. 잔디도 그렇다. 한여름에 주기적으로 비가 내리지 않는다면 퍼팅그린에는 하루에도 몇 번씩 물을 줘야 한다. 플레이를 하다 보면 가끔씩 퍼팅그린에 물을 주는 것을 볼 수 있다. 플레이에 방해가 될 때도 있다. 그들은 왜 하필 그때 물을 주는 것일까?

잔디는 나이에 따라 다르긴 하지만 생육기 중에는 보통 생체중(마르지 않은 상태의 잔디 조직 무게)의 80% 내외가 수분이다. 사람처럼 식물도 물이 없으면 체내 대사과정이 이루어질 수 없다. 예를 들면, 광합성을 진행하는 엽록체나 호흡과정 장소인 미토콘드리아 등 중요한 소기관들은 모두 물이 기반이 된 세포질 속에 있다. 그 소기관들 내부도 물이 주요 성분이다. 잔디가 건물중(잔디 조직을 말렸을 때 무게)으로 1g을 생산하는데 필요한 물의 양은 620㎖로 알려져 있다. 물은 세포의 성분이 되고 대사과정에도 이용된다. 따라서 물이 없으면 잔디는 잎과 줄기 그리고 뿌리를 만들 수 없다. 다른 식물과 마찬가지로 잔디도 물을 주로 뿌리로 흡수해서 체내의 각 기관으로 보낸다. 잔디 체내 수분은 보통 수공이나 기공을 통해서 기체가 되어 공기 중으로 빠져나간다(그림 2-2). 이것이 증산이다. 잔디는 체내 수분을 80% 내외로 유지하려면 증산으로 빠져나간 만큼의 물을 뿌리를 통해 다시 흡수해야 한다.

잔디는 종류에 따라 건조에 견디는 능력이 매우 다르다. 식물체의 뿌리 깊이나 잎에 있는 기공의 수 등 물의 흡수 및 증산과 관련된 특성이 다르

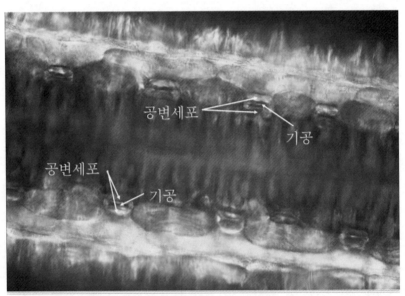

그림 2-2 크리핑 벤트그래스 잎의 기공 사진. 가운데 빈 공간은 기공이고, 기공 양쪽 옆에 공변세포가 있다. 기공을 통해 기체가 교환되고 수분이 증산된다. 때때로 기공은 병원균 감염통로로 이용되기도 한다. 기공 옆 공변세포는 기공을 열고 닫는 역할을 해서 식물 조직을 보호하고 기체의 교환과 수분의 증산을 조절한다.

골프와 가드너를 위한 잔디밭 사계

기 때문이다. 건조한 날씨에서는 들잔디나 버뮤다그래스와 같은 난지형 잔디가 한지형 잔디보다 잘 견딘다. 버뮤다그래스는 뿌리가 깊은 데다가 수분이 부족하면 물을 뿌리에 저장하는 능력도 있어서 건조에 특히 강하다. 한지형 잔디 중에서 톨훼스큐는 뿌리가 깊고 넓어 건조에 강하다. 반면에 골프장에서 흔히 볼 수 있는 크리핑 벤트그래스와 켄터키 블루그래스는 그들에 비해서 약한 편이다. 특히 퍼팅그린에 있는 크리핑 벤트그래스는 모래 땅에 있고 뿌리도 얕은 깊이로 분포되어 있어서 건조에 매우 취약하다. 그래서 아주 더운 여름철 한낮에는 물을 자주 줘야 살 수 있다.

골퍼와 가드너가 알면 좋을 잔디관리 상식

그럼 잔디밭에 물은 얼마나 줘야 할까? 그 양은 잔디가 살고 있는 토양의 성질에 따라 크게 다르다. 모래 함량이 40~60%인 양토(점토함량이 높은 토양)의 투수속도(토양 속에서 물이 내려가는 속도)가 시간당 5~10㎜라면, 모래 함량이 90~100%인 사토(모래 함량이 높은 토양)의 투수속도는 시간당 12~25㎜ 정도 된다. 그러니까 모래토양의 잔디밭에 물을 주면 점토로 된 잔디밭보다 훨씬 빨리 밑으로 내려간다는 뜻이다. 모래 함량이 높은 토양에서는 뿌리가 있는 지점에서 물이 정체하는 시간이 짧으니 흡수할 시간도 그만큼 적어진다. 따라서 잔디밭에 모래 함량이 많고 잔디 상태가 좋다면 물을 자주 줘야 한다(그림 2-3). 그만큼 물이 밑으로 빨리 내려가 뿌리층(근권)에 머무르는 시간이 짧고 잎에서 증산이 많아 잔디 체내 수분이 빨리 줄어들기 때문이다. 그것이 모래로 조성된 골프장이나 축구·야구 경기장에서 여름철이면 물을 자주 줘야 하는 이유이다.

그림 2-3 골프장 퍼팅그린에서의 스프링클러 관수 장면(위쪽 사진). 스프링클러의 물 방향이 퍼팅
그린을 향해서 집중되어 있다. 골프장 퍼팅그린이나 운동경기장은 보통 모래 토양으로
이루어져 있어 수분 보유능력이 떨어진다. 그래서 여름철이면 물을 자주 줘야 한다. 건
조가 심해지면 잎과 줄기가 탄력을 잃어버리고, 수분이 부족한 잔디밭을 사람이 밟으면
발자국이 그대로 남는다(아래쪽 사진). 이때가 물을 줘야 할 때이다.

골프와 가드너를 위한 잔디밭 사계

기온이 높고 바람이 세게 부는 맑은 날에는 지표면의 수분 증발도 빠르기 때문에 잔디밭은 더 빨리 건조해진다. 골프장처럼 모래 함량이 높은 사토에는 물을 일주일에 4~7번 정도, 3~6㎜씩 줘야 한다. 하지만 그보다 모래함량이 적은 양토나 정원 잔디밭에서는 일주일에 20㎜씩 2회 정도 주는 것이 좋다. 계절에 따라 횟수와 양을 조절하면 된다. 그럼 20㎜의 물은 어느 정도일까? 기상청에서 발표하는 20㎜ 강우 예보를 상상해 보자. 강우량 20㎜는 직경이 20㎝의 원통형에 1시간 동안 20㎜ 깊이로 비가 내린 것을 의미한다. 짧은 시간 동안의 강우량 20㎜라면 마치 소나기처럼 빗소리가 심하게 들릴 정도로 많이 오는 경우다. 그 정도의 속도로 물을 뿜는 스프링클러라면 잔디밭 건조는 금방 해소가 된다.

그럼 물은 언제 주는 게 좋을까? 물을 줄 때는 오전에 주는 것이 좋다. 오전에는 증발산에 의한 손실이 적고 바람의 세기가 약해 균일하게 물을 줄 수 있는 장점이 있다. 반대로 여름철 한낮은 증발산이 너무 빨라 관수의 효과가 낮을 수 있다. 늦은 오후나 저녁은 바람의 세기가 강해 물을 줄 때 한 곳으로 몰릴 수 있고 잔디밭이 밤새 습한 상태로 있기 때문에 병 발생의 원인이 될 수 있다.

그러면 물 주는 시점은 어떻게 판단할까? 적당한 관수시기를 예측하는 것은 쉽지 않다. 장비가 없거나 육안으로 보는 것이 훈련되어 있지 않을 경우에 더욱 그렇다. 토양을 직접 파서 보는 방법도 있지만, 도구가 필요하거나 손에 흙이나 모래가 묻을 수 있다. 하지만 잔디의 건조 여부를 육안으로 파악하는 방법은 있다. 예를 들어, 잔디를 밟아 보는 것이다. 수분이 적당한 잔디 잎은 발로 밟으면 누웠다가 바로 일어선다. 잎과 줄기 속에 있는 수분으로 인해 팽압이 높아 탄력성이 좋기 때문이다. 조직 내에 수분이 부족하게 되면 잎과 줄기는 바로 원래의 형태를 복원하지 못한다. 그래서 잎과 줄기가 건조할 때 잔디밭을 밟으면 발자국 형태가 그대로 남는다. 이때가 잔디밭에 관수를 해야 하는 시기이다. 이 시기가 지나면 물 부족이 심해지고 잔디 잎은 점점 더 말라간다. 이 시기마저 놓치면 잔디는 건조로 죽을 수 있다. 여러분이 라운드를 하다가 발에 밟히는 잔디를 보고 발자국이 남는다면? 스프링클러에서 물이 나올 때라는 의미이기도 하다.

용어 알아보기

· 기공(氣孔, Stomata): 식물의 잎이나 줄기에 있는 공변세포로 둘러싸인 작은 구멍으로서 가스 및 수분의 흡수와 배출을 조절한다.

· 수공(水孔, Water pore): 식물 배수조직의 일종이다. 수분을 배출하는 작은 구멍으로 보통 잎 끝에 있다.

· 천근성(淺根性): 대부분의 뿌리가 수평으로 자라서 지표 가까이에 넓고 얕게 분포하는 성질을 말한다. 천근성 뿌리는 가뭄에 약하다.

· 팽압(膨壓): 식물 세포를 물 또는 그 세포액보다 삼투압이 낮은 용액 속에 넣었을 때 세포의 원형질이 물을 흡수하여 팽창하고 세포벽을 밀어 넓히려는 힘을 말한다.

골퍼를 위한 TIP!

▶ 공이 일시적으로 고인 물에 빠진다면?

라운드 중에 페어웨이나 그린 등에서 물이 일시적으로 고일 때가 있다. 비가 갑자기 왔거나 스프링클러로 관수한 후에 배수가 되지 않아 생긴다. 이런 경우에는 캐주얼 워터로 지정되어 구제받을 수 있다. 캐주얼 워터는 워터 헤저드 안에 있지 않으며 플레이어가 스탠스를 취하기 전 또는 취한 후에 볼 수 있는 코스 위에 일시적으로 고인 물을 말한다. 눈이나 천연 얼음도 동일한 취급을 받는다. 이럴 때는 홀과 가깝지 않은 곳에서 프리 드롭을 하고 플레이를 계속하면 된다.

골프와 가드너를 위한 잔디밭 사계

자동식 관수시설이 갖추어 있지 않은 잔디밭 정원에는 이동식 스프링클러를 쓰면 좋다. 물을 균일하게 줄 수 있기 때문이다. 스프링클러 관수 반경을 계산해서 필요한 만큼 구입한다. 손으로 물을 직접 주게 되면 균일한 관수가 어렵다. 그리고 관수 시간도 많이 필요하다. 깔끔해 보이지도 않는다. 관수 후에 잔디밭에 호스 줄은 치워야 한다. 잔디밭에 그대로 두면 무게에 눌려 잔디 생육에 방해가 된다. 오래되면 잔디밭에 자국으로 남을 수 있다. 분수호스를 사용하는 방법도 있다. 균일하게 줄 수 있다는 점에서는 좋은 방법이긴 하지만 호스로 주는 방법과 번거로움에서는 큰 차이가 없다.

3. 퍼팅그린 주변에 대형 선풍기가 있는 이유는?

본문 미리보기

퍼팅그린은 보통 많은 나무들로 둘러싸여 있다. 골퍼가 티샷을 할 때 집중하게 하고 경관에도 좋다. 겨울에는 바람을 막아 추위로부터 골퍼를 보호한다. 하지만 단점도 있다. 여름에는 공기의 흐름을 막아 그린 표면을 습하게 한다. 특히 큰 나무들로 빽빽하게 둘러싸인 퍼팅그린은 장마기간 중에 습도가 매우 높은 채로 유지되기 때문에 잔디를 병에 매우 약하게 만든다. 이때 퍼팅그린 옆 대형 선풍기는 제습기와 같은 역할을 한다. 골퍼 입장에서 선풍기 소음은 퍼팅에 거슬릴 수 있다. 퍼팅그린 잔디의 품질을 유지하고자 함이니 너그럽게 이해하도록 하자.

골프를 하다 보면 퍼팅그린 주변에 나무들이 많은 것을 볼 수 있다. 경관상 보기에 좋고 플레이 집중에도 좋다. 추운 날씨에서는 바람을 막아주기 때문에 경기를 하는 데 큰 도움이 되기도 한다. 나무가 높고 크다면 아이언 샷을 할 때 골프공이 바람의 영향을 적게 받을 수도 있다. 실제로 프로골프대회에서 선수들은 바람의 방향과 세기가 어느 정도 되는지 확인을 하고 아이언 샷을 하는 경우를 자주 볼 수 있다. 바람의 방향과 세기에 따라 공의 낙하지점이 달라질 수 있기 때문이다.

하지만 퍼팅그린 주변에서 큰 나무들이 많은 것은 장점만 있는 것은 아니다. 특히 비가 자주 오는 여름철에 그렇다. 한여름에 열대야가 한창일 때 큰 나무들에 둘러싸인 퍼팅그린을 상상해 보라. 그린 주변은 바람이 불지 않고 공기가 정체된다. 공기의 흐름이 제한된 퍼팅그린에서는 사방이 탁 트인 곳보다 온도와 습도가 더 높다. 잔디의 잎과 줄기 높이의 미세 기상 환경에서는 더욱 그렇다. 공기의 흐름이 막힌 그린 위 잔디의 스트레스 지수는 한없이 올라간다. 퍼팅그린이 낮은 지대에 위치해 있으면 그 지수값은 더 올라갈 것이다. 만약 잔디 잎이 젖어 있다면? 수분이 마르는 데 시간이 더 오래 걸릴 것이다.

큰 나무들에 둘러싸인 한여름 열대야의 퍼팅그린은 잔디 병원균이 좋아하는 바로 그 조건이다. 게다가 나무 그늘로 인해 잔디의 잎과 줄기가 얇아지고 약해진다. 그런 곳에서는 각종 조류가 발생하고 병 피해가 생길 수 있다. 그렇다고 퍼팅그린 주변의 나무를 모두 벨 수는 없다. 앞서 설명한 여러 가지 장점 때문이다. 전정을 통해 불필요한 나뭇가지를 모두 제거해도 퍼팅그린의 상황은 완전히 해결되지는 않는다. 그래서 많은 골프장에서 동원되는 것이 대형 선풍기이다(그림 2-4). 고정식도 있고, 이동식도 있다. 선풍기 구입과 설치에 비용이 들어가지만 여름철에 이만한 대안

그림 2-4 퍼팅그린 옆 고정식(왼쪽 사진) 및 이동식(오른쪽 사진) 대형 선풍기. 대형 선풍기는 여름철 퍼팅그린에서 공기흐름을 원활하게 하고 습도를 낮춰주는 역할을 한다. 대형 선풍기는 사방이 건물에 막힌 천연잔디운동경기장에서도 유용하다.

도 없다. 퍼팅그린 주변에 설치되어 있는 대형 선풍기는 그린의 공기 흐름을 개선하는 데 큰 도움이 된다.

식물체 내 수분이 많으면 골퍼나 장비가 잔디를 밟았을 때 상처가 쉽게 날 수 있어서 병원균 감염 위험이 높아진다. 잔디 잎 위나 토양 표면에 수분이 많아도 병원균에게 도움이 된다. 수분은 잔디병원균 포자의 발아나 균사의 생육을 좋게 하기 때문이다. 대형 선풍기의 바람은 퍼팅그린 표면을 건조시키고 잔디 잎이 수분에 젖는 시간을 줄이는 데 도움을 준다. 건조해진 그린 표면은 당연히 습도를 좋아하는 병원균에게 불리한 조건이 된다. 따라서 퍼팅그린에서 증발산이 잘되면 식물체 내 수분도 낮아지기 때문에 골퍼나 장비의 답압에 견딜 수 있는 능력도 좋아진다.

외국 연구에 따르면 대형 선풍기 배치 수, 위치, 높이, 각도 등에 따라 그린에서의 효과 차이가 큰 것으로 보고된다. 선풍기는 공기 이동이 가장 필요한 곳에 위치해 있어야 하고 퍼팅그린과 가까우면 가까울수록 그 효과도 크다. 그래야 공기 흐름을 개선하는 데 도움이 더 되기 때문이다. 선풍기 바람은 수분이 많은 잔디 표면을 향할 정도로 높이가 낮아야 효과가 더 크다. 사용 시기도 선풍기 효과와 밀접하다. 습도가 높은 저녁부터 이른 아침까지 선풍기를 작동하는 것이 효과가 큰 것으로 알려져 있다. 우리나라 한여름 열대야에 안성맞춤이다. 하지만 장마철에는 습도가 높기 때문에 낮 사용도 불가피하다. 대형 선풍기 팬의 소음이 퍼팅에 예민한 골퍼에게는 거슬릴 수 있다. 퍼팅그린 잔디의 품질을 유지하고자 함이니 너그럽게 이해하도록 하자.

· 마모(磨耗, Wear): 잔디 지상부 엽조직 또는 관부가 사람, 장비 등의 통행(Traffic)에 의해 받게 되는 손상을 의미한다. 잔디의 마모 정도는 통행에 의한 직접적인 압력에 의해 눌려 으스러지기도 하며, 도보에 의해 끌리거나 찢어짐에 의해 심하게 손상되는 경우 등 다양하게 나타난다. 일반적으로 그 손상 수준은 통행 정도에 비례하지만 잔디초종, 조직상태, 관리수준 및 환경조건에 따라 달라질 수 있다. 들잔디는 한지형 잔디에 비해 마모에 강하다.

골퍼를 위한 TIP!

▶ 퍼팅그린에서 깃대는 어떻게 들고 있어야 할까?

동반자 중에 한 명이 캐디 대신 깃대를 들고 있을 때가 있다. 이때 깃발이 땅을 향해 들고 있어야 한다. 깃발을 하늘 방향으로 들고 있을 경우 뒷팀에서 깃대를 보고 샷을 할 수 있기 때문이다. 티잉 그라운드에서 그린이 보이지 않는 블라인드 홀이나 그린이 언덕 위에 있는 포대그린의 경우 사람은 보이지 않고 깃대만 보일 수 있다. 뒷팀은 깃대를 보고 앞 팀이 홀아웃한 것으로 착각하고 샷을 할 수 있다. 또 다른 이유는 깃대를 들고 있으면 깃발이 바람에 날려 소리가 날 수 있기 때문이다. 퍼팅을 하는 동반자는 깃발 소리가 거슬릴 수 있다. 골프 규칙에 명시되어 있지 않지만 골퍼들이 지켜야 할 하나의 에티켓이라 할 수 있다.

4. 잔디밭에도
   재해 보험이 있다

본문 미리보기

잔디밭을 만들 때 병충해와 같은 재해에 잘 견딜 수 있도록 특성이 다른 여러 품종을 섞어서 뿌린다. 켄터키 블루그래스 잔디밭에서 일반적이다. 이것을 잔디 종자 블랜딩이라 부른다. 혼합하는 품종들은 엽색이나 잎의 크기 등이 비슷하기 때문에 잔디밭이 완성되었을 때 여러 품종을 육안으로 구분하기는 매우 어렵다. 그래서 블랜딩으로 조성한 잔디밭은 골프, 축구, 야구 등 운동 경기력에 영향을 미치지 않는다. 골프장에서는 켄터키 블루그래스로 조성한 티잉 그라운드나 페어웨이에서 볼 수 있다. 하지만 크리핑 벤트그래스가 식재된 퍼팅그린은 잔디 높이가 매우 짧고 크기도 작아서 매우 예민하기 때문에 보통 하나의 품종으로 심는다.

코로나19(COVID-19) 때문에 인류가 몇 년을 고통스럽게 보냈다. 지금도 코로나 일상은 지속 중이다. 세계보건기구(WHO)가 언제 코로나19 종식을 선언할지는 아무도 모른다. 코로나19 팬데믹을 누가 예상이나 했을까? 잔디밭에서도 예상하지 못한 재해가 발생하기도 한다. 잔디도 생명체이기 때문에 늘 병해충의 공격 대상이 되기 때문이다. 때로는 습한 기상 조건이나 건조한 날씨가 잔디에게 문제가 되기도 한다. 잔디를 다루는 사람들은 잔디밭 재해에 대비해야 한다. 그중에 하나가 잔디 종자 블랜딩이다(그림 2-5). 블랜딩(Blending)은 혼합이란 뜻의 영어 단어이다. 우리에게는 커피나 와인에서 사용하는 용어로 익숙하다. 복수(複數)의 커피 품종 원두를 섞거나 또는 여러 포도 품종으로 만든 와인을 혼합하여 서로의 단점을 보완하고 새로운 풍미를 만들고자 할 때 사용한다. 보통 재료를 사용

그림 2-5 수입한 한지형 잔디 종자포대(왼쪽 사진)와 다양한 종류의 종자 사진(오른쪽 사진). 켄터키 블루그래스 종자는 보통 종자 회사가 2~3개 품종을 블랜딩하여 판매한다. 자기만의 잔디밭을 원하는 소비자라면 몇 개의 품종을 별도로 구입해 블랜딩한 후 사용할 수 있다. 종자는 수입될 때 병해충잡초의 유입을 방지하기 위하여 종자소독제가 처리된다(오른쪽 사진). 그래서 일부 종자는 소독제 색깔 때문에 화려한 색을 띈다.

하기도 하지만 제품을 직접 이용하기도 한다.

　요즘에는 TV에 다양한 스포츠 채널이 있어 누구나 봄부터 가을까지 집에서 운동 경기를 볼 수 있다. 운동 경기는 시청자들에게 선수들의 경기력이나 경기 결과가 주요 관심사지만 경기장 녹색 잔디도 좋은 볼거리이다. 우리나라 프로축구와 프로야구 경기장이나 골프장 티잉 그라운드의 녹색 잔디는 대부분 켄터키 블루그래스로 조성되어 있다. 켄터키 블루그래스는 TV 화면에 사계절 녹색으로 멋지게 나올 뿐만 아니라 축구와 같이 격렬한 스포츠에도 잘 견딜 수 있는 초종이기 때문이다. 녹색의 그라운드를 차지하고 있는 잔디는 화면상에 매우 잘 정돈되어 있어 누구나 한 개의 품종으로 생각할 수 있다. 하지만 그렇지 않다. 여기에 재미있는 비밀이 숨겨져 있다. 바로 잔디 블랜딩이다.

그림 2-6 켄터키 블루그래스 뗏장 생산 현장. 보통 종자 회사 자체의 블랜딩 조합에 의하거나 소비자가 원하는 여러 품종을 조합해 재배한 후 뗏장을 생산한다.

잔디에서 블랜딩은 복수의 잔디 품종을 함께 재배하는 것을 말한다. 켄터키 블루그래스 잔디밭이나 생산지에서 매우 일반적인 방법이다(그림 2-6). 켄터키 블루그래스 블랜딩에는 보통 2~3개 품종이 사용된다. 블랜딩의 목적은 매우 다른 유전적 배경을 가진 품종들을 함께 재배해 재해(災害)에 대비하기 위함이다. 예를 들어 축구 경기장이 한 개의 품종으로 조성되어 있다고 가정해 보자. 어느 해 특정 잔디 병충해가 심하게 발생되거나 기상 환경이 잔디에게 매우 불리하다면 결과는 어떻게 될까? 게다가 그 품종이 그 특정 병해충이나 기상환경에 매우 취약하다면? 그 경기장의 잔디는 모두 죽을 수도 있다. 그래서 잔디 블랜딩은 형태적으로는 비슷하지만 질적(건조나 병해충과 같은 재해 저항성)으로 매우 상이한 품종들을 조합해서 함께 재배하는 것이다.

모든 면에서 완벽한 사람이 없는 것처럼 잔디 품종도 마찬가지다. 잔디 색상, 품질, 답압 내성, 병해충 및 재해 저항성 등 모든 면에서 100점 만점을 줄 수 있는 품종은 없다. 어떤 품종이든 어느 한 부분에서 단점이 있

골프와 가드너를 위한 잔디밭 사계

다는 얘기다. 따라서 넓은 경기장에 한 개의 품종을 심는 것은 특정 재해에 큰 피해를 입을 수도 있기 때문에 매우 위험한 결정이 될 수 있다. 그래서 잔디 블랜딩은 병해충, 기상 이변과 같은 재난에 대비하기 위한 일종의 보험과 같다. 재해 저항성과 관련되어 유전적 배경이 크게 다른 복수(보통 3개)의 잔디 품종을 심게 되면, 어느 한 품종(A)이 재해에 약해 문제가 생기더라도 다른 품종(B나 C)이 A품종이 죽은 자리까지 퍼지면서 자라 그 피해를 복구할 수 있다. 또는 품종 B가 피해를 입으면 품종 B나 품종 C가 자라서 빈자리를 채울 수 있다. 품종 서로가 다른 품종의 대체제인 셈이다. 하지만 잔디 블랜딩이 장점만 있는 것이 아니다. 잔디 소비자들이 사용한 잔디 품종의 유전적 배경이 다르기 때문에 색상과 품질 등에서 약간의 차이가 있을 수 있다. 잘못된 블랜딩 조합은 단기적으로 또는 장기적으로 잔디밭 품질을 떨어뜨릴 수 있는 위험이 있을 수 있다는 의미이다.

그러면 잔디 블랜딩은 어떤 조합으로 만들어야 할까? 블랜딩하려는 잔디 품종들의 형태와 색상 등 품질이 매유 유사해야 한다. 그리고 어느 한 품종이 빠르거나 늦게 자라지 않아야 한다. 잔디 형태와 색상 등 특성을 고려하지 않고 재해에만 대비해 여러 품종을 심었다고 생각해 보라. TV를 통해 스포츠 중계방송을 보는 시청자들은 연녹색, 진녹색, 좁거나 넓은 잎 등으로 불균일하게 보이는 잔디 모습 때문에 선수들의 경기력에 집중하지 못할 것이다. 또는 블랜딩 조합 중 특정 품종이 너무 잘 자라서 다른 품종을 제압하기라도 하면 블랜딩 효과가 나타나지 않을 수도 있다. 그런 이유 때문에 퍼팅그린의 크리핑 벤트그래스는 블랜딩을 하지 않는다. 퍼팅그린은 잔디 높이가 매우 짧고 크기도 작아서 매우 예민하기 때문이다.

골프장에서 잔디 블랜딩은 티잉 그라운드나 페어웨이에서 볼 수 있는 켄터키 블루그래스에 국한된다. 그러면 잔디 품종의 블랜딩은 경기력에 영향을 미칠까? 철저하게 준비된 잔디 블랜딩 조합은 골프, 축구, 야구 등 어느 경기장에서든 선수들의 스포츠 경기력에 영향을 미치지 않는다.

용어 알아보기

· 감수성(感受性, Susceptibility): 생물체가 병원균이나 해충에 민감한 반응을 보이는 성질을 말한다. 식물의 감수성이 높으면 병에 잘 걸린다.

· 육종(育種, Breeding): 농작물이나 가축이 가진 유전적 성질을 이용하여 이용 가치가 높은 작물이나 가축의 새로운 품종을 만들어 내거나 기존의 것을 개량하는 것을 말한다. 잔디의 새로운 품종도 육종을 통해 만들어진다.

· 저항성(抵抗性, Resistance): 외부 스트레스에 대항하여 하나의 유기체가 견디는 힘이다. 절대적인 개념이 아니고 상대적인 개념이다. 특히 잔디나 작물 분야에서 병해충에 대한 기주의 견디는 능력을 말하거나 약제를 반복해서 사용함으로써 어떤 병해충잡초 종의 개체군이 그 약제의 작용에 견디는 성질이 발달하는 것을 가리키기도 한다. 예를 들어, 저항성이라는 용어는 병해충잡초에 대한 기주 저항성이나 병해충잡초의 농약 저항성을 나타낼 때 자주 사용한다.

· 품종(品種, Cultivar, Variety): 생물 분류상, 종(種) 아래에 두는 단위의 하나이다. 같은 종에 속하는 생물로 아종이나 변종 또는 유전적인 개량에 의하여 생긴 새로운 개체의 집단을 말한다. 농업에서는 외부적인 형질 및 특성이 같고, 유전 형질의 조성이 같은 개체의 집단을 말한다.

골퍼를 위한 TIP!

▶ 티업한 뒤 볼의 뒷면 잔디를 발로 다지면?

티잉 그라운드에서 티샷을 하기 전에는 잔디를 발로 다져도 괜찮다. 벌타가 없다. 하지만 페어웨이나 러프에서는 다르다. 페어웨이나 러프에 공이 있을 때 공 뒷면을 발이나 클럽 헤드로 다지면 안 된다. 라이 개선으로 2벌타를 받는다.

들잔디로 만든 잔디밭 정원은 블랜딩을 하지 않는다. 종자 번식으로 잔디밭을 만들지 않고 뗏장으로 조성하기 때문이다. 뗏장은 줄기로 번식한 영양번식체이다. 영양번식은 단일 개체와 비슷하기 때문에 특정 재해나 병충해에 취약할 수 있다는 단점이 있다. 하지만 들잔디나 금잔디는 자생종이라서 한지형 잔디에 비해 우리나라 기후에 잘 맞고 병충해에도 강한 편이다. 그러니 들잔디 정원을 가진 분들은 켄터키 블루그래스 잔디밭에 비해 상대적으로 기상재해나 병충해에 대해서 큰 걱정을 않아도 된다.

5. 잔디 병은 퍼팅수에 영향을 미칠 수 있다!

본문 미리보기

잔디는 인간처럼 다양한 시기에 여러 가지 병원균에 노출된다. 생로병사도 있다. 퍼팅그린 잔디는 자연에서 자라는 상태보다 길이가 훨씬 짧고 답압이 많은 모래땅에서 유지되기 때문에 양분도 적어서 스트레스에 매우 취약하다. 게다가 매일매일 이어지는 예초로 인해서 상처가 생긴다. 그래서 병에 쉽게 걸릴 수 있다. 병에 걸린 잔디는 일부 조직이 파괴되거나 죽기 때문에 탄력을 잃어버린다. 죽은 잎과 줄기는 살아있는 잎과 줄기에 비해 구르는 공에 대한 저항이 약하다. 그런 이유로 골퍼가 그린에서 퍼팅을 할 때 공이 병반 위로 지나가면 더 빠르거나 느리게 갈 수 있고 구르는 방향도 바뀔 수 있다. 잔디관리자들이 퍼팅그린의 잔디 건강에 특히 신경을 쓰는 이유이다.

골퍼는 골프장 퍼팅그린이 늘 최고의 상태로 유지되기를 바라겠지만 쉽지 않은 일이다. 잔디도 생명체이기 때문에 사계절을 항상 건강한 상태로 유지하기는 매우 어렵다는 뜻이다. 잔디에게도 생로병사가 있기 때문이다. 예를 들어, 토양 속 켄터키 블루그래스의 줄기는 6개월~2년의 수명을 갖는다. 토양속에 수명을 다한 줄기는 새로운 줄기로 대체된다. 우리 눈에 보이지 않지만 녹색의 잔디밭은 그렇게 유지된다. 사람의 일생처럼 여러해살이풀인 잔디도 살아있는 동안 다양한 종류의 병원균과 싸워야 한다. 병 종류마다 원인도 처방도 다르다. 사람을 예로 들어 두 명의 환자가 있다고 가정하자. 감기와 당뇨병 환자. 감기는 바이러스에 감염되어 나타나는 증상이고, 당뇨병은 가족력이나 식습관 등의 이유로 췌장에서 분비되는 호르몬인 인슐린의 기능에 문제가 되어 생기는 병이다. 원인을 따지

자면 감기는 생물체에 의한 병이고 당뇨병은 생물체가 아닌 비생물학적 원인에 의한 결과이다.

이럴 때 의사들은 어떻게 처방할까? 감기의 경우에 의사는 대개 환자가 먹을 며칠 분의 약을 처방한다. 하지만 당뇨병은? 병의 경중에 따라 다르겠지만 며칠 분의 약으로 완전하게 치료되지 않는다. 당뇨병은 일반적으로 식습관을 바꾸거나 꾸준한 운동 또는 약물 치료 등의 방법으로 조절하거나 치료한다.

잔디의 병도 인간의 병과 매우 비슷하다. 잔디 병은 다양한 생물체 또는 비생물체에 의해 발생한다. 생물체가 원인이 되는 생물학적 병은 병원성을 가진 병원균이 감염에 적합한 환경에서 기주인 잔디에 병을 일으켜 발생한다. 이렇게 생물체에 의한 병은 병원균, 환경, 기주 삼박자가 딱 맞았을 때 발생한다. 이것을 식물병리학에서는 병의 삼각형(Disease triangle)이라 부른다. 하지만 비생물학적 병은 생물학적 병에 비해 상대적으로 아주 돌발적이거나 만성적이다. 퍼팅그린에 예초장비의 기름이 누출되거나 골퍼들이 마시는 콜라가 엎질러져 피해가 생겼다면 일종의 비생물적 병의 원인에 해당된다. 퍼팅그린이 지속적인 답압에 의한 배수불량으로 잔디가 죽는 현상도 비생물학적인 병의 원인이라 할 수 있다. 이렇듯 생물학적 병과 비생물학적 병의 원인이 크게 차이나는 만큼 처방도 감기와 당뇨병의 예처럼 크게 달라야 한다(그림 2-7).

예를 들어, 생물학적 병인 잔디의 갈색잎마름병(Brown patch)은 크리핑벤트그래스 퍼팅그린에서 볼 수 있는 대표적인 곰팡이병이다. 수십㎝~수m에 이르는 원형의 갈색 병징으로 나타난다. 병은 잎을 감염하며 확대되지만, 살균제 처방으로 어렵지 않게 잡힌다. 곰팡이에 의해 잎에만 발생

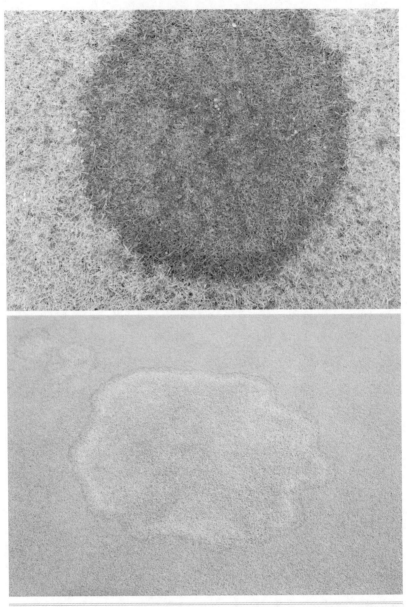

그림 2-7 잔디관리 장비에서 기름이 새서 생긴 퍼팅그린 위 비생물적 피해 증상(위쪽 사진)과 크리핑 벤트그래스 퍼팅그린 위 갈색잎마름병 증상(아래쪽 사진). 잔디는 생물학적 또는 비생물학적 원인에 의해 피해를 입을 수 있다. 원인이 다르면 처방도 달라야 한다.

하는 생물학적 병이기 때문이다. 하지만 퍼팅그린에 물빠짐이 좋지 않다고 생각해 보자. 이런 현상은 당뇨병처럼 비생물적 원인이다. 여름철에 배수가 불량한 퍼팅그린에서 며칠간 물이 계속 가득 찰 정도로 비가 오면 잔디 뿌리는 호흡이 어려워진다. 뿌리는 고사하기도 하고 다른 병원균들이 감염되어 합병증이 유발될 수도 있다. 마치 당뇨병 합병증이 유발된 상황과 비슷하다. 이때는 살균제 처방만으로는 해결되지 않는다. 원활한 배수를 위해 퍼팅그린 지반의 모래를 교체하거나 배수관을 바꿔야 근본적인 해결이 된다. 이렇게 원인이 다르면 처방도 크게 다르다.

잔디의 병은 잔디 종류나 계절에 따라 다를 정도로 다양하다. 어떤 병은 몇년에 한 번 발생할까 말까 하지만, 어떤 병은 봄부터 가을까지 때를 가리지 않고 계속 발생하기도 한다. 어떤 잔디 병원균은 잎과 줄기를 직접 공격하고, 또 다른 병원균은 뿌리를 감염한다. 그들이 잔디를 감염하는 이유는 먹이활동을 위해서이다. 식물은 물관과 체관이 잎 끝부터 뿌리 끝까지 촘촘하게 연결되어 있다. 마치 사람의 혈관과 비슷하다. 물관은 뿌리에서 흡수한 물과 무기양분을 잎과 줄기로 전달하는 역할을 한다면, 체관은 잎의 광합성 산물인 포도당을 뿌리 등 각 기관으로 전달하는 통로가 된다. 많은 식물 병원균이 물관과 체관을 공격하는 이유는 그 안에 물과 양분이 있기 때문이다. 주변에서 흔히 볼 수 있는 진딧물과 같은 흡즙성 해충이 노리는 지점도 바로 그 체관이다. 사람의 혈관처럼 식물도 물관과 체관에 문제가 생기면 장애를 얻거나 죽는다.

잔디가 병원균에 감염되면 지상부인 잎과 줄기가 피해를 입거나 땅속에 있는 뿌리에서 문제가 되기도 한다. 예를 들면, 들잔디 갈색퍼짐병

(Large patch)은 땅과 맞닿는 줄기에서 문제가 되고, 켄터키 블루그래스 여름잎마름병(Summer patch)은 뿌리가 병원균의 감염 부위이다. 크리핑 벤트그래스 갈색잎마름병과 동전마름(Dollar spot)병은 주로 잎과 줄기에서 탈이 난다(그림 2-8). 퍼팅그린 페어리링(Fairy ring) 증상은 보통 토양 속에 균사가 가득차서 물이 들어가는 것을 방해하기 때문에 뿌리가 마르게 되어 나타난다. 병원균이 공격하는 잔디의 부위와 방법은 다르지만 위의 병들은 병이 진전되고 난 후에는 잎과 줄기가 시들어 말라 죽는다. 결국 초기에는 증상이 다르지만 후기에는 비슷하다. 왜 그럴까?

그 이유는 체관 옆에 있는 물의 통로인 물관이 파괴되기 때문이다. 병원균의 공격이 증상으로 나타나는 주요 원인에는 물관의 파괴에 있다. 식물은 생육 시기에 따라 수분함량이 크게 다르지만 보통 잘 자랄 때에는 생체중의 80~95%가 수분이다. 보통 채소와 같이 즙액이 많은 식물의 수분함량이 높은 편이다. 잔디도 예외는 아니다. 체내에 일정한 양의 수분을 늘 유지해야 한다. 그래서 잔디 세포는 증산을 통해 수분을 잃어버려도 뿌리로부터 물을 흡수해 항상 체내의 수분함량을 일정하게 유지하려 한다. 그것이 여의치 않으면 체내의 수분을 공기 중으로 빼앗기지 않으려 노력한다. 여름철 한창 더울 때 잎이 기공을 닫고 축 쳐지는 것도 높은 기온과 건조로부터 수분을 빼앗기지 않으려고 하기 위함이다. 따라서 잔디의 조직 속 물관이 병원균에 의해 파괴되어 기능을 상실하면 증산이 심해진다. 뿌리가 파괴되면 물관도 고장이 난 셈이니 물의 흡수는 불가능하게 된다. 병명은 달라도 많은 잔디 병의 최종 증상에서 지상부 잎과 줄기가 마르는 것은 그런 이유 때문이다.

골프와 가드너를 위한 잔디밭 사계

그림 2-8 크리핑 벤트그래스 퍼팅그린 위 동전마름병 증상(위쪽 사진)과 들잔디 페어웨이 위 페어리링 피해(아래쪽 사진). 어느 부위에 피해를 입었느냐에 따라 미관을 해치기도 하고 잔디 품질에 미치는 영향도 크게 다르다.

이제 다시 퍼팅그린 위의 병반(병으로 생긴 반점)으로 돌아가 보자. 퍼팅그린에서 잔디의 일부라도 죽으면 골퍼들에게도 영향을 미친다. 죽은 잔디의 잎과 줄기 조직은 탄력이 떨어지기 때문에 골퍼가 원하는 방향으로 공이 정확하게 굴러가지 않는다. 살아있는 잎과 줄기는 세포 속에 수분이 가득 있기 때문에 팽압이 작용해 탄력이 넘친다. 그런 탄력은 골프공의 흐름에 대해 저항하기 때문에 공이 느리게 가도록 한다. 반면에 죽은 잔디의 잎과 줄기는 수분이 없는 마른 상태라서 밟히면 원래의 상태로 복원되지 않는다. 쓰러진 잎과 줄기는 골프공이 지나가도 저항이 약할 수밖에 없다. 그러니 병반이 있는 지점은 살아있는 식물체가 있는 지점보다 공의 속도는 더 빠르다. 공이 굴러 가는 라이 선상에 작은 모래라도 있다면 방향은 더욱 예측할 수 없다. 따라서 퍼팅그린에서 여러분의 라이에 정상적인 잔디와 병반이 함께 있다면 공이 굴러가며 여러 변수와 만나게 될 것이다. 만약에 라운드 중에 잎과 줄기가 마르는 동전 크기의 동전마름병을 발견했을 때 방심하는 골퍼는 퍼팅을 한 번 더 할 수도 있다.

용어 알아보기

· 병의 삼각형(病의三角形, Disease triangle): 병을 일으키는 데 필요한 병원균, 기주가 되는 식물, 환경적 요인으로 형성되는 3요소의 삼각관계에 관한 이론이다. 기주가 병에 걸리기 가장 좋은 조건은 병에 가장 약한 품종에게 병원성이 가장 강한 곰팡이가 활동하기 좋은 온도와 습도 조건에서 침입할 때이다. 3요소 중 한 가지만 없어도 병은 발생하지 않는다.

· 흡즙성 해충(吸汁性害蟲): 진딧물이나 응애와 같이 바늘 모양의 특수 구조를 잎의 조직 속에 찔러 넣고 식물의 즙을 빨아 먹어 피해를 주는 곤충을 말한다. 응애는 분류학적으로 거미강 동물에 속하지만, 작물이나 잔디 해충학에서는 편의상 해충에 포함해서 다루고 있다.

▶ 퍼트할 때 라이에 물이 고여 있다면?

여름에 비가 오거나 겨울에 눈이 녹아서 퍼팅그린에 물이 고일 때가 있다. 퍼트를 할 때 고인 물이 라이에 있을 수도 있다. 이런 경우에는 고인 물이 라이를 피하면서 공에서 가장 가까운 지점으로 옮길 수 있다. 고인 물을 수건으로 없애거나 클럽으로 쓸어내면 안 된다. 하지만 경기위원이나 골프장 측에서 고인 물을 닦는 것은 상관없다.

가드너를 위한 TIP!

우리나라에서 보고된 잔디병은 20종류 이상이다. 잔디병 방제를 위하여 국내에 등록된 약제의 수는 2023년 현재 500개가 넘고 갈색잎마름병, 녹병, 누른잎마름병, 동전마름병, 라이족토니아마름병, 설부소립균핵병, 여름잎마름병, 탄저병, 피티움마름병, 흰가루병과 조류 등에 등록되어 있다. 만약 여러분 잔디밭에 병이 발생했다면 (사)한국잔디학회에서 발간한 단행본인 "잔디학"이나 한국잔디연구소 홈페이지 또는 외국 대학의 잔디관리 프로그램(Turfgrass disease diagnosis) 사이트에서 증상을 확인할 수 있다. 미국의 많은 주립대학에서 홈페이지를 통해 병의 증상과 생태 및 방제 정보를 제공하고 있다. 그래도 진단이 어려울 경우 한국잔디연구소 홈페이지나 (사)한국잔디학회 등에서 전문가를 찾아 문의할 수 있다.

6. 페어웨이에 서있는 패트병의 역할은?

본문 미리보기

골프장의 페어웨이나 러프 가장자리에는 간혹 잔디나 나무 해충의 발생을 예측하거나 성충을 잡는 장비들이 있다. 그 장비는 주요 해충의 발생시기를 예측해서 가장 적절한 시기에 해충을 방제하기 위한 목적으로 설치한 장치이다. 또한 불빛을 쫓거나 페로몬으로 유인되는 해충을 잡아서 밀도를 낮추기 위한 목적도 있다. 그러한 목표를 달성하면 농약 사용을 줄일 수 있어서 골프장의 코스관리 비용이 줄어들고 환경오염을 최소화할 수 있다. 농약 사용이 줄어들면 골퍼의 안전에도 큰 도움이 된다.

라운드를 하다 보면 페어웨이나 러프 가장자리에 막대기가 꽂혀 있고 패트병이 달려 있는 것을 볼 수 있다. 때로는 천으로 된 망이나 종이 모양의 물건이 걸려 있을 수 있다. 그 옆으로 공이 가면 우연치 않게 자세히 볼 수 있지만 대개는 멀리서 지나친다. 가까이서 본 분들이라면 패트병 속에 곤충이 많이 들어있는 것을 볼 수 있다. 그것은 잔디나 나무 해충을 잡거나 발생밀도를 예측하기 위한 용도로 설치한 장치이다. 그러면 해충의 밀도는 어떻게 예측할까?

잔디밭이나 텃밭에서 흔한 해충인 검거세미밤나방을 예로 들어 보자(그림 2-9). 우리나라 잔디밭에서 검거세미밤나방은 1년 동안 3회 발생한다. 완전변태인 검거세미밤나방의 성충이 낳은 알은 부화하여 유충이 되고, 유충은 번데기가 된다. 번데기는 우화하여 성충이 되고, 암컷 성충과 수

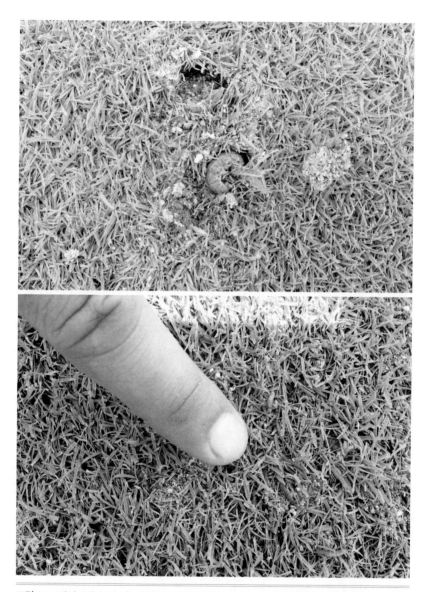

그림 2-9 퍼팅그린 속에 있는 검거세미밤나방 유충(위쪽 사진)과 잔디포충나방 유충(아래쪽 사진). 검거세미밤나방은 토양 속에 머물다가 밤에 구멍을 통해 밖으로 나와 잔디 잎을 갉아먹는다. 성충은 약 2,500개의 알을 낳는다고 알려져 있다. 잔디포충나방은 1년에 3회 발생하며 약 150개의 알을 낳으며 잔디 잎을 갉아먹는다. 두 종류 모두 잔디밭 문제 해충이다.

컷 성충은 짝짓기 후에 알을 낳는다. 이 과정을 1년간 3번 반복한다. 검거세미밤나방이 3회 발생한다고 하는 것은 성충이 3회 발생을 한다는 의미이다. 따라서 페어웨이 패트병에 잡힌 검거세미밤나방 성충을 연간 세 차례의 시기에서 볼 수 있다는 뜻도 된다. 그런 의미에서 해충의 생활사를 아는 것은 매우 중요하다. 왜냐하면 성충이든 유충이든 방제 대상으로 삼을 때 그 시기를 예측해서 대응할 수 있기 때문이다. 페어웨이에 있는 간단한 장비는 해충 잡아서 밀도를 줄이거나 유충 또는 성충의 발생 시기를 예측하고 방제 시기 결정을 위한 자료 수집 장치(예찰 장비)라고 할 수 있다. 보통 밤에 불빛으로 유인하거나 페로몬으로 유인해서 해충을 잡는 일종의 트랩이라고 이해하면 된다. 이러한 과정을 예찰이라고 한다.

그럼 예찰은 얼마나 중요할까? 농림축산검역본부에서 예규로 정한 식물병해충 예찰조사 요령을 보자. 예찰(豫察)의 사전적 의미는 미리 살펴서 아는 것이다. 예찰 조사는 우리나라에 처음으로 유입되었거나 일부 지역에 분포하여 농산물이나 임산물에 중대한 피해를 끼칠 우려가 있는 병해충을 대상으로 한다. 또는 병해충으로 인하여 그 밖의 물품의 수출이 지장을 받을 우려가 있을 때도 조사한다. 보통 필요한 지점에 트랩을 설치하거나 직접 지역을 순회하면서 조사한다. 작물이나 식물 생육기간에 한정하거나 1년 내내 조사하기도 한다. 임산물인 잔디도 마찬가지다. TV에서 검역 병해충이 문제되거나 특정 병해충이 대발생했다고 보도가 나오는 것은 이러한 예찰 조사에 의해 발견된 결과이다. 문제가 큰 병해충 피해는 역학조사로 이어져 해결하게 된다.

트랩 설치는 과거부터 현재까지 이어온 오래된 해충 예찰방법이다. 어떤 방법이 있을까? 유인제를 사용해서 해충을 잡는 방법이 있다. 예를 들면 오이과실파리는 Cuelure라는 유인제를 트랩에 넣어 그들을 유인한다. 페로몬이 밝혀지고 개발된 해충이라면 페로몬으로 유인할 수도 있다. 설치한 트랩은 주기적으로 수거하여 그들의 발생 상황을 조사한다. 또 다른 방법인 유아등은 불빛을 쫓는 해충의 주광성을 이용하는 것이다. 해가 지는 저녁에 불빛이 들어오게 한 후 해가 뜨는 새벽까지 해충을 유인하여 잡는 방법이다. 유아등 시설에는 휘발성 살충제를 넣고 밤에 날아서 찾아오는 해충을 취하게 한 다음 다시 나가지 못하게 한다. 하지만 온실처럼 밀폐된 공간에서는 끈끈이판이 제격이다. 총채벌레나 진딧물처럼 작은 해충을 잡는데 효과적이다.

그럼 트랩은 어디에 설치할까? 일반적으로 해충이 잘 잡힐 수 있도록 사방이 탁 트인 공간이 적당하다. 트랩 설치는 높이도 중요한데, 해충이 잘 잡히는 지상 1.6~1.8m 지점이 좋다. 약간 그늘진 지역이 트랩 설치에 적당하고, 기주특이성이 강한 해충이라면 그들이 찾아올 수 있는 기주나 그 근처에 설치한다. 여러 개의 트랩을 설치해야 한다면 최소 5m 이상의 간격을 유지하는 것이 좋다. 해충 방제를 위해서 트랩을 설치한다면 당연히 더 많이 설치해도 관계없다. 따라서 골프장 페어웨이는 사방이 트여있어서 트랩을 설치하기에는 아주 좋은 조건이라 할 수 있다(그림 2-10).

그러면 해충의 발생 예측은 왜 필요할까? 작물이나 잔디밭에서 예찰 조사의 궁극적인 목적은 방제이다. 적은 돈으로 많은 시간을 들이지 않고 필요한 정도의 살충제로만 해충을 방제할 수 있다면 얼마나 최선이겠는가? 따라서 예찰 조사를 통해서 목표 해충이 그 지역에서 어느 정도의 주

그림 2-10 잔디포충나방 성충(왼쪽 사진)과 페로몬 트랩을 이용한 해충 발생 예찰(오른쪽 사진). 잔디포충나방은 머리 앞쪽에 크고 뾰족한 뿔이 특징이다. 야행성이며 강한 주광성을 보이기 때문에 밤에는 강한 빛에 유인된다. 유아등이나 페로몬 트랩은 잡히는 해충의 종류와 양으로 발생을 예측하고 방제시기를 결정하는 자료로 사용한다.

기를 갖고 생활사를 이어가는지를 아는 것이 중요하다. 효율적인 방제시기를 찾을 수 있기 때문이다. 예를 들면 잔디밭에서 최대 2,500개의 알을 낳는 검거세미밤나방은 어린 유충 상태로 토양 속에 있을 때 가장 방제 효율이 높다. 날아다니는 성충은 방제가 어렵기 때문이다. 따라서 그 시기를 찾아내려면 먼저 목표 해충의 정보를 아는 것이 필요하다. 그래서 검거세미밤나방 성충의 발생이 가장 많은 시기(발생 최성기)를 찾아내면 번데기 기간과 유충기간을 역으로 산정해서 땅속에 있을 유충의 발생시기를 파악할 수 있다. 그러면 유충이 땅속에 있어서 볼 수 없을지라도 방제시기를 결정할 수 있다. 따라서 골퍼들이 페어웨이에서 볼 수 있는 예찰장치는 골프장의 관리비용을 줄이고 환경 부담도 낮출 수 있는 장비라고 생각해도 좋다. 예찰장비 덕분에 골프장에 농약을 최소한의 양으로 뿌릴 수 있다면 골퍼의 건강에도 아주 좋은 일이다.

골프와 가드너를 위한 잔디밭 사계

· 동반자(同伴者): 골프에서 라운드할 때 짝이 되는 사람이나 집단을 말한다. 보통 4인 1조가 되기 때문에 4명이 동반자가 된다.

· 홀 아웃(Hole out): 골프에서 공을 홀컵에 넣어서 그 홀의 경기를 마무리하는 일을 말한다.

골퍼를 위한 TIP!

▶ 골프장 티업 간격? 티박스 모니터는 뭘까?

골프장마다 티업 간격이 다르다. 티업 간격은 앞 팀과의 거리에 영향을 미친다. 골프장 입장에서는 티업 간격이 좁을수록 내장객 수가 많아지니 매출이 늘어난다. 그만큼 많은 손님을 받을 수 있기 때문이다. 골프장들은 보통은 7분~10분 정도의 티업 간격을 유지한다. 간격이 짧은 골프장의 경우 5분 간격도 있다. 매출 압박이 덜한 일부 회원제 골프장은 티업 간격을 10분 넘게 운영하는 경우도 있다.

골프장에서 라운드를 하다보면 티박스에 설치된 모니터를 볼 수 있다. 흔한 것은 아니다. 보통은 그 홀에서 티샷 후에 볼이 떨어지는 지점이 보이지 않을 때 모니터를 설치한다. 태양이 지고

그림 2-11 티박스에 설치되어 있는 모니터. 모니터는 보통 공 낙하지점이 산이나 언덕에 가려져 있거나 장애물이 있어서 보이지 않는 홀의 티박스에 설치한다. 앞팀의 진행상황을 볼 수 있기 때문에 골퍼의 안전을 위해서 매우 중요하다.

조명의 힘으로 진행되는 3부제에서도 요긴하다. 앞 팀이 어디쯤 있는지, 홀 아웃을 했는지 보기 위해서다. 그 홀이 볼 낙하지점이 산이나 언덕에 가려져 있거나 장애물이 있어서 보이지 않는 곳에서도 볼 수 있다. 이러한 홀을 블라인드 홀(Blind hole)이라고 한다. 대개 부지가 좁은 골프장이나 홀을 일컫는다. 그런 홀에서 안전골프나 명랑골프를 위해서는 안전기준을 지키는 것이 매우 중요하다.

가드너를 위한 TIP!

우리나라에서 보고된 잔디 해충은 6목 13과 33종의 해충과 잔디혹응애, 쥐며느리가 잔디에 피해를 주는 절지동물로 기록되어 있다. 만약 여러분 잔디밭에 해충 피해가 발생했다면 ㈔한국잔디학회에서 발간한 단행본인 "잔디학"이나 외국 대학의 잔디관리 프로그램(Turfgrass insect diagnosis) 사이트에서 해충의 형태나 증상을 찾을 수 있다. 해충이름이 확인된 경우에 한국작물보호협회 작물보호제지침서를 통해서 방제 약제를 확인하도록 한다. 그래도 진단이 어려울 경우 한국잔디연구소 홈페이지나 ㈔한국잔디학회 등에서 전문가를 찾아 문의하면 된다.

골프와 가드너를 위한 잔디밭 사계

7. 잔디밭을 깎으면 잡초는 과연 줄어들까?

본문 미리보기

잡초는 잔디밭 품질을 떨어뜨리는 주요 훼방꾼이다. 잔디밭에서 주기적으로 낮게 예초하는 것은 잡초를 줄이는 데 도움이 된다. 하지만 주기적인 예초가 잡초를 모두 제거하는 것은 아니다. 새포아풀이나 바랭이와 같이 낮은 예고에 적응한 잡초는 살아남는다. 따라서 잡초에게 스트레스를 최대로 주고 종자생산을 최소화할 수 있는 예고와 예초시기를 적용하는 것이 중요하다. 또한 잔디가 잡초와의 양분과 공간 경쟁에서 이길 수 있도록 평상시에 지상부 밀도를 높이는 것도 매우 필요하다.

잡초(雜草)는 사전적 의미로 "가꾸지 않아도 저절로 나서 자라는 여러 가지 풀"이다. 잡초학 교과서에서는 "사람의 활동이나 건강에 부정적으로 작용하거나 방해하는 식물로서 재배지에서 원치 않는 식물 초종"이라고 나와 있다. 사실 잡초는 사전이나 교과서에도 기술되어 있듯이 주변에서 볼 수 있는 평범한 식물이다. 그들이 잡초로 불리는 이유는 식물의 의지와 상관없다. 사람들은 단지 사람의 기준으로 원하지 않는 자리에 있거나 사람에게 부정적인 영향을 미치는 식물을 잡초라 부른다. 그 식물들로서는 억울할 법도 하지만, 그 기준을 정한 것은 사람이니 어쩔 수 없다.

잡초를 연구한 학자들은 잡초의 공통점을 기술한 바 있다. 잡초는 종자 생산량이 많고 전파력이 우수하다. 그들은 불량 환경에서 적응력이 좋고 수명이 길며, 다른 작물에 비해 매우 빠른 생장을 보인다. 그런 이유로 잡초는 작물보다 양분 및 수분 경쟁력이 높은 경우가 많다. 그래서 잡초는 인위적으로 양분이 공급되는 농경지나 잔디밭에서도 잘 자라고, 그렇지 않은 척박한 토양에서도 적응을 잘한다. 잡초는 일단 자리를 잡은 후에는 짧은 시간 안에 군락을 이루며 작물과 양분및 공간 경쟁을 하면서 생육을 방해한다.

잡초의 수명은 어떻게 될까? 크게 두 종류가 있다. 일년생 잡초는 종자 발아 후 1년 이내에 생을 마치는 식물이다. 주로 봄에 발아한 후 여름이나 가을에 꽃이 피고 종자를 맺으며 생을 마감한다. 다년생 잡초는 2년 이상 사는 종류를 말한다. 보통 종자번식이나 줄기 또는 뿌리 등으로 퍼지는 영양번식을 한다. 일년생과 다년생 잡초들이 만든 종자는 보통 땅에 떨어진다. 들이나 밭에서 흔히 볼 수 있는 잡초인 망초는 1포기에서 최대 10만 개의 종자를 생산하기도 한다. 그래서 토양 속 잡초 종자는 셀 수 없을 정도로 많다. 토양 속의 종자는 종종 휴면상태로 존재하며 종자의 수명에 따라 살거나 죽어서 새로운 종자들로 대체되기도 한다. 살아있는 종자들은 적합한 환경이 주어지면 언제든 발아한다.

그러면 우리나라 잔디밭에는 얼마나 많은 잡초가 있을까? 일년생과 다년생을 합해서 대략 70~100종 정도 알려져 있다. 그 중에 잔디밭에서 자주 발생하는 잡초는 40여 종이다. 잔디밭 잡초로는 여름 잡초(종자가 봄부터 초여름에 걸쳐 발아 후 자라다가 가을에 꽃이 피고 열매를 맺은 다음 고사)와 겨울 잡초(가을에 발아한 다음 식물체 상태로 월동 후 봄부터 초여름까지 자라다가 꽃이 피고 열매를 맺은 다음 고사)가 있다. 다년생 잡초는 종류에 따라 봄·여름·가을에 각각 꽃이 피고 종자를 맺는다. 잔디밭은 밭처럼 경운작업으

골프와 가드너를 위한 잔디밭 사계

로 토양을 갈아엎지 않는다. 그래서 표토층에 있는 잡초 종자는 환경만 맞는다면 봄부터 가을까지 계속 발아할 수 있다. 잔디밭에서 늘 잡초를 뽑아도 계속 생겨나는 것은 그런 이유 때문이다.

잔디밭은 작물을 키우는 밭과 달리 잎과 줄기를 아주 낮은 높이로 자주 깎는다. 잔디밭에 있는 잔디 높이의 잡초도 잔디 잎과 함께 잘려 나간다. 그래서 예초는 잔디밭 잡초에게 고난의 과정일 수 있다. 과연 잔디를 주기적으로 깎으면 잡초 개체수는 줄어들까? 예초가 잡초에게 어떤 영향을 미치는지 보자. 잔디밭에서 예초 높이는 중요하다. 잔디밭에서 필요한 예초 높이는 잔디밭 목적, 잔디의 종류, 생육 상태, 계절이나 기후 등에 따라 크게 다르다. 하지만 일반적으로 예초 높이가 낮으면 낮을수록 대부분의 잡초(식물)에게는 불리하다. 그래서 예초 높이에 따라 잔디밭의 잡초의 개체 수와 다양성은 크게 변하게 된다. 외국 연구에 따르면, 예초 후에 퍼진 수레국화Centaurea diffusa가 78% 방제되었다는 보고도 있다. 주기적인 예초는 잡초 초종수와 개체수를 줄일 수 있다는 뜻이다. 하지만 낮은 예고에도 견딜 수 있는 새포아풀이나 민들레와 같은 로제트 유형의 식물은 다른 잡초들과 크게 다르다(그림 2-12). 그들은 지표면까지 낮게 자랄 수 있기 때문에 예초 높이가 낮은 골프장 퍼팅그린에서도 종자생산까지 이어질 수 있다.

그럼 잔디를 언제 깎아야 잡초 제거에 좋을까? 잡초를 제거하는 가장 효과적인 예초시기는 잔디가 휴면 상태에 있고 잡초가 다 자란 때이다. 그래서 들잔디밭이라면 그린업이 이루어지지 않은 휴면기 4월 잔디밭이 잡초 제거에 좋다. 들잔디는 잎과 줄기가 나오지 않은 상태이기 때문에

그림 2-12 페어웨이에서 자라고 있는 새포아풀(위쪽 사진의 왼쪽 및 오른쪽). 진한 녹색의 식물체는 켄터키 블루그래스이고, 연한 녹색 식물체는 새포아풀이다. 새포아풀은 페어웨이와 퍼팅그린의 낮은 예고에서도 잘 자라며 꽃 피고 열매도 맺는 잔디밭 문제잡초이다. 페어웨이와 퍼팅그린에서 각각 자라고 있는 바랭이(아래쪽 사진의 왼쪽 및 오른쪽). 낮은 예고의 퍼팅그린 예초 후에도 죽지 않고 살아남은 바랭이도 잔디밭 관계자에게 골칫덩어리이다.

관부가 다치지 않을 정도로 낮게 깎아도 된다. 이미 다 자란 봄잡초라면 아주 낮게 잘려서 치명상을 입을 수 있다. 이때 예초로 잡초가 죽지 않더라도 잎·줄기·뿌리의 세력을 최대한 약하게 할 수 있다는 점도 장점이다. 또한 잡초 개화시기에 예초를 해도 좋다. 잡초는 꽃과 종자 생산에 모든 양분을 쏟아 붙는다. 개화 초기 단계부터 예초가 지속되면 잡초가 죽지 않더라도 줄기 밀도가 최대한 줄어들기 때문에 종자생산도 크게 억제될 수 있다.

잔디밭을 주기적으로 낮게 깎으면 장기적으로 잡초 발생은 어떻게 될까? 예초 높이가 낮으면 낮을수록 발생하는 잡초수는 줄어들지만, 잡초방제를 위해서 예고를 무한정 낮출 수는 없는 일이다. 따라서 일정한 높이로 예고를 유지하는 잔디밭에서는 그 환경에 적응한 잡초만 살아남게 된다. 결국 잔디를 주기적으로 깎는다고 모든 잡초가 제거되지 않는다는 것이 결론이다. 새포아풀은 퍼팅그린의 낮은 예고에도 살아남아 종자를 맺는다. 효과적인 예초 전략은 잔디의 생장점 손상을 최소화하고 잡초 생장점 제거를 최대화하는 것이라고 할 수 있다. 그러면 잡초에게는 스트레스를 최대로 주고 종자생산도 최소화할 수 있다. 외국 연구에 따르면 캐나다 엉겅퀴Cirsium arvense는 연 3~4회 예초로 1년 후 86%, 4년 후 100% 감소 효과를 얻은 바 있다. 따라서 낮은 예초 높이에 적응한 식물은 손제초나 제초제 살포가 동반되어야 완벽한 잡초 제거가 가능하다. 하지만 잔디밭에서 잡초 발생을 줄이기 위해 유념할 점이 있다. 잔디밭에서는 잔디와 잡초가 늘 경쟁한다. 잔디의 지상부 밀도가 높으면 잡초는 잔디와의 양분과 공간의 경쟁에서 밀려 발아하기 힘들고 설사 발아했다 해도 성장하기 쉽지 않다. 반대로 잔디의 지상부 밀도가 낮으면 잡초는 잔디밭에 쉽게 자리잡을 수 있다. 그래서 잔디밭 지상부 밀도 관리는 잔디 품질을 좌우하지만 잡초 관리와도 아주 밀접하다.

· 로제트(Rosette): 민들레처럼 땅 위에 붙어 방사상으로 퍼져 나는 잎 또는 잎이 그러한 모양으로 나는 식물을 말한다.

· 바랭이(Crabgrass): 화본과의 한해살이풀로 온대와 열대 지방의 밭에서 흔히 자라는 잡초이다. 밑부분이 지면으로 뻗으면서 마디에서 뿌리가 내리고 곁가지와 더불어 40~70㎝로 곧게 자란다. 잎은 줄 모양이며 길이 8~20㎝, 너비 5~12㎜로 연한 녹색이다. 잎혀는 길이 1~3㎜이고, 잎집에는 흔히 털이 있다. 꽃은 7~8월에 수상화서로 핀다. 잔디밭에 발생하는 주요 잡초 중의 하나다.

· 새포아풀(Annual bluegrass): 외떡잎식물에 속하는 화본과 한해살이풀 또는 두해살이풀로 전 세계의 들에서 자란다. 줄기는 밑 부분 마디에서 굽고 높이가 10~25㎝이다. 잎은 어긋나고 줄 모양이며 길이가 2~8㎝, 폭이 2~4㎜이고 양끝이 둔하다. 꽃은 4월~9월에 피고 달걀 모양의 원추화서를 이루며 달린다. 잔이삭(소수)은 연한 녹색이고 길이가 3~8㎝이며, 가지가 마디마다 2개씩 달려서 수평으로 퍼진다. 잔디밭에 발생하는 주요 잡초 중에 하나이다.

우리나라 공원 등 잔디밭에 발생하는 잡초는 방동사니대가리 등 사초과 3종, 바랭이, 새포아풀 등 화본과 9종, 쑥, 꽃다지, 피막이 등 광엽잡초 25종 등 총 16과 37종, 그리고 산과 인접한 묘지 잔디밭에는 53과 196종의 잡초가 보고된 바 있다. 따라서 잔디밭 정원의 토양이나 위치에 따라 잡초 초종과 발생 정도는 달라질 수 있다. 잔디밭에서 발생하는 잡초의 이름은 식물 이름 찾기 어플리케이션을 통해 찾을 수 있다. 한국잔디연구소 홈페이지나 (사)한국잔디학회 등에서 전문가를 찾아 문의도 가능하다. 잡초의 이름이 확인된 경우에 한국작물보호협회 작물보호제지침서를 통해서 방제 약제를 확인하면 된다. 잔디밭 제초제는 토양처리제와 경엽처리제가 있다. 잔디밭에서의 제초제 사용은 일반적으로 토양처리제는 3~4월과 8~9월에 2회 처리하고, 경엽처리제는 6~7월에 처리하면 효과적으로 잡초를 방제할 수 있다.

8. 골프장에서는 농약을
얼마나 많이 사용할까?

본문 미리보기

골프장을 찾는 골퍼들은 농약을 걱정한다. 골프장에서 화학농약을 많이 사용한다고 언론을 통해 자주 접하기 때문이다. 하지만 사실과 다른 내용도 적지 않다. 골프장에서 사용하는 농약 중에는 고독성 농약과 맹독성 농약은 없다. 골프장은 매년 환경부에 농약 사용량을 보고하고, 정부에서는 매년 토양과 수질을 검사한다. 만약 골프장에서 고독성과 맹독성 농약이 검출되면 과태료를 부과하고 환경부 홈페이지에 그 정보를 공개한다. 골프장의 화학농약 사용에 관한 정부와 시민단체의 관심도 점점 높아지고 있기 때문에 많은 골프장에서 친환경 농약과 비료의 사용이 증가하고 있는 추세에 있다.

골퍼들은 골프장에서 라운드하는 것이 불안할 수 있다. 바로 화학농약 때문이다. 골프장에서 농약을 많이 사용한다는 신문기사나 방송보도를 통해 접하기도 한다. 그런 방송보도를 보면 불안하지 않은 사람이 있을까? 골프장에서 농약을 얼마나 많이 사용하는지 살펴보자. 환경부 조사에 따르면, 2020년 우리나라 골프장에 사용된 농약(성분량)은 202.1t으로, 2019년 186.1t보다 8.6%(16t) 늘어났다. 골프장당 연간 373.6kg을 사용한 셈이다. 골프장 평균 면적이 27만 평이니 1평당 약 1.4g을 사용한 꼴이다.

그러면 단위면적당 사용량이 늘었을까? 2019년 골프장 수는 494개, 2020년 골프장 수는 501개로 골프장도 7개(1.4%) 늘어났다. 그러니까 위의 자료는 골프장 면적 증가에 따른 농약사용량 증가량도 포함된 것이라 할 수 있다.

다른 환경부 자료를 보자. 2001년 우리나라 골프장의 농약사용량(실물량)은 190.1톤에서 2011년 400톤으로 10년 만에 약 210% 증가했다. 농약 사용량만을 보면 엄청나게 증가했지만, 골프장 수를 확인하면 증가 이유를 금방 알 수 있다. 골프장 수는 2001년에 161개에서 2011년에는 421개로 261% 증가하였고, 골프장 면적도 비례해서 16,200ha에서 37,900ha로 233% 증가했다. 따라서 언론에서 농약 사용량을 접할 때 골프장 수가 늘어났는지에 관한 내용이 포함되었는지 확인이 필요할 수 있다.

그럼 골프장과 비교해서 논과 밭에서 사용하는 농약량은 얼마나 될까? 농촌진흥청 자료에 따르면, 단위면적(ha)당 농약 사용량은 1998년 10.4kg에서 2011년 10.6kg, 2021년은 11.8kg 수준으로 조금씩 증가하고 있다. 2021년 데이터만 본다면 3,000평(ha)에 11.8kg이니 평당 6g 정도 된다. 골프장에 비해 농사짓는 데 농약을 더 많이 사용하고 있는 셈이다. 물론 농사짓는 해의 기상상황, 지역이나 농작물에 따라 큰 편차가 존재한다. 마찬가지로 골프장의 농약 사용도 그 해의 기상상황이나 골프장 사이에 큰 편차를 보인다.

골퍼들은 궁금해 한다. 골프장에서 고독성이나 맹독성 농약을 사용할까? 대답은 "아니다"이다. 농약독성 분류는 독성 정도에 따라 맹독성, 고독성, 보통독성, 저독성 4단계로 나뉜다. 현재 우리나라에서 맹독성 농약은 생산되거나 유통되지 않는다. 고독성 농약 4개 품목을 제외한 모든 농약이 보통독성 또는 저독성이다. 고독성 농약 4개 품목도 훈증제 등 검역 해충 방제목적으로 제한해서 사용한다. 따라서 고독성 농약은 골퍼를 포함해서 사람들의 일상과 거리가 멀다. 결론적으로 골프장에서 사용하는

286개 품목(2020년) 중에서 맹독성과 고독성 농약은 없다.

그럼 골프장에서 고독성이나 맹독성 농약 사용을 하지 않는다는 것을 어떻게 알까? 골프장은 매년 환경부에 농약 사용량을 보고한다. 우리나라 각 도에 있는 보건환경연구원에서는 골프장 농약잔류량 검사를 매년 2회씩 한다. 어떤 농약을 사용하는지 사용기준은 준수하는지 확인하기 위해서다. 좀 더 구체적으로는 매년 상반기(건기, 4~6월)와 하반기(우기, 7~9월)에 환경부 고시로 지정된 방법에 따라 시·군과 합동으로 실시한다. 각 시도의 보건환경연구원은 골프장 내에 토양(그린, 페어웨이)과 수질(유출수, 연못)을 대상으로 고독성 농약, 잔디 사용금지 농약, 일반 농약 등의 농약잔류량을 검사한다. 농약 종류는 연도와 상황에 따라 변할 수 있으나 농약잔류량 검사 결과, 고독성과 맹독성 농약이 검출될 경우에는 과태료가 부과되는 등 다양한 제재가 가해진다.

그러면 앞으로 골프장의 단위면적당 농약사용량은 어떻게 될까? 농약사용량은 갑자기 크게 줄어들지는 않을 것으로 보인다. 먼저 골프장에서 농약사용이 줄어들 요인을 보자. 환경부에서는 앞으로도 지금처럼 골프장 농약사용량을 매년 조사하고 공개할 것이다. 골프장 오너들은 자신의 골프장 이름이 농약 이슈의 중심에 서는 것을 원하지 않을 것이다. 또한 골프장의 농약사용에 대한 환경단체와 시민단체의 관심과 감시가 계속될 것으로 보인다. 골프장을 이용하는 고객인 골퍼들도 농약사용을 반기지 않는다. 따라서 골프장도 관리비용 절감을 위해 농약사용량을 줄이려는 노력을 계속 할 것이다. 예를 들어, 농약살포용 드론과 같은 고가의 기기로 농약을 적게 뿌리고 효과는 높이는 방제 방법이 이미 골프장에 도입되어 사용되고 있다.

그러면 농약사용량이 늘어날 요인은 뭐가 있을까? 안타깝게도 우리나라 기후가 아열대화 되면서 잔디보다 병해충잡초에게 유리한 환경으로 변하고 있다. 그런 환경은 추운지방 태생인 한지형 잔디에게 특히 불리하다. 게다가 지금까지 볼 수 없거나 문제되지 않았던 병해충잡초의 발생과 피해도 조금씩 늘어나고 있다. 특히 기상이변은 계절에 관계 없이 해마다 예고 없이 찾아오고 있다. 그래서 동일한 골프장이라도 매년 농약사용량에서 편차를 보이는 이유는 기상환경의 변화 요인이 가장 크다. 예를 들어, 어느 해에 비가 자주 오고 장마가 길면 병과 잡초 발생에 유리한 조건이 된다. 병과 잡초의 발생이 심하면 농약 사용량이 늘어나게 된다. 특정 해충 발생에 유리한 조건이 되면 역시 살충제를 사용해야 한다. 골프장 측에서는 빠른 시간 안에 피해를 최소화해야 영업에 유리하기 때문이다. 하지만 농약 사용량이 많아지면 동전마름병 병원균처럼 농약에 내성을 가진 병원균이나 해충 또는 잡초도 발생할 수 있다(그림 2-13). 그래서 농약 사용을 무작정 늘릴 수도 없다. 따라서 골프장에서의 농약 사용량은 다양한 요인에 의해서 줄어들 수도, 늘어날 수도 있다.

골프장에서 농약 사용량이 많다는 언론보도의 내용은 사실 너무 부정적이거나 자극적으로 보일 때가 있다. 이것은 "골프"라는 운동과 관계가 깊을 수 있다. 여전히 많은 사람들은 골프가 아주 넓은 면적에서 소수의 사람들만 하는 비싼 운동이라고 생각한다. 하지만 지금의 골프는 예전과 비교할 때 훨씬 대중화되었다. 골프 인구가 500만 명이 넘고 연간 이용 인구는 5,000만 명에 육박하기 때문이다. 그럼에도 불구하고 골프장의 농약

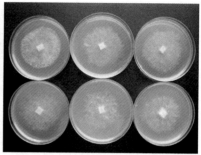

그림 2-13 동전마름병을 방제하기 위해 농약을 살포한 처리구(녹색으로 구분된 구획)와 살포하지 않은 처리구(갈색의 잔디가 포함된 구획) 실험 비교 사진(왼쪽 사진). 농약 사용은 병해충잡 초의 발생을 예방하거나 크게 줄일 수 있지만, 농약에 너무 의존할 경우 내성 병해충잡 초가 발생할 수 있다(오른쪽 사진). 오른쪽 사진은 실험실에서 동전마름병 병원균의 농 약내성 정도를 평가하는 인공배지 실험 장면이다. 좌측 상단 페트리 접시는 농약이 포 함되어 있지 않은 배지이며, 시계방향으로 돌아가면서 농약 투입량이 늘어난다. 동전마 름병 병원균 균사는 배지에 포함된 농약의 양과는 관계없이 잘 자란다. 농약 내성을 갖 지 않은 균이라면 농약이 포함된 배지에서 자라지 못한다.

사용은 줄어야 한다. 인축과 환경의 건강 측면에서 줄이는 것이 좋기 때문이다. 앞으로 화학농약의 사용을 최소화해서 관리비용과 골프비용을 낮추는 저농약 사용 또는 친환경 골프장이 늘어날 것으로 예상된다. 하지만 지금은 골프장에서 고독성 농약이나 맹독성 농약을 사용하지 않더라도 라운드를 하는 골퍼들은 4~5시간동안 화학농약과 만나게 된다. 따라서 골프를 즐기는 골퍼들은 건강을 위해서 운동 후 꼭 청결관리에 신경을 쓰는 것이 좋다.

· 농약 독성(農藥 毒性): 농약의 독성은 기준과 방법에 따라 나뉠 수 있다. 투여 방법에 따라 경구 독성, 경피독성, 흡입독성으로 구분한다. 독성의 발현시기에 따라 급성독성, 아급성독성, 만성 독성이 있고, 독성 정도에 따라 저독성, 보통독성, 고독성, 맹독성으로 나뉜다.

· 잔류독성(殘留毒性, Residual toxicity): 농수산물이나 환경 중에 잔류하는 농약성분으로 인축이나 환경생물에 장기간에 걸쳐 미치는 독성을 말한다.

· 훈증제(燻蒸劑, Fumigant): 수분과 만나면 가스가 발생하여 미생물, 곤충, 잡초 및 다른 병충해 가 방제되는 농약이다. 잔디 식재 전이나 파종 전에 토양처리를 한다. 소나무재선충이나 참나 무 시들음병 감염 나무를 방제하기 위해서도 사용한다.

잔디밭 정원에서 사용하는 농약은 인근 농약사(농약방)에서 구입할 수 있다. 농약 이름은 다양 하지만 보통 품목명(농약 제조회사에서 정부에 등록할 때의 이름으로 유효성분을 한글로 표기하는 것이 원 칙임)과 상표명(제품명, 농약 제조회사에서 만든 이름)이 사용된다. 따라서 하나의 유효성분으로 만든 농약(품목)이라도 회사에 따라 상표명이 다를 수 있다. 한국작물보호협회 작물보호제지침서에 농약 종류에 따라 pdf 파일의 형태로 정보가 공개된다. 농약의 이름, 유효성분량, 사용 방법과 간격 등을 충분히 확인하고 찾아가 구입하도록 한다.

9. 골프장에 뿌린 농약은 어디로 갈까?

본문 미리보기

골프장에 뿌린 화학농약은 다양한 경로로 거쳐 그들의 운명이 결정된다. 잔디밭에 살포한 농약의 일부는 방제대상인 병해충잡초에 묻거나 흡수되고 일부 잔디에 흡수되고 토양 속으로 들어간다. 물에 녹아 연못 속으로 흘러 들어가기도 한다. 잎 표면과 토양에 있는 농약 성분의 많은 양은 그곳에서 서식하는 미생물이나 햇빛에 의해 분해된다. 농약 성분의 운명은 기상 조건이나 토양 상태 등에 따라 크게 다르다. 농약 종류에 따라 분해되는 속도도 매우 큰 차이가 난다. 최근에 개발되어 사용하는 농약은 70~80년대 농약에 비해 효과가 높은 대신에 분해가 빨라서 환경에 부담이 덜하다. 그럼에도 불구하고 골퍼들은 안전을 위해서 운동 후 청결관리에 주의를 기울여야 한다.

골프장 잔디가 건강하게 유지되기 위해서는 화학농약이 필요하다. 골프장에 농약을 뿌려야만 하는 이유는 아주 많다. 우리나라 골프장의 평균 면적은 약 27만 평으로 잔디와 수목이 대부분을 차지한다. 잔디와 수목은 생명체이기 때문에 사람처럼 생로병사가 있다. 또한 평생 병해충과 잡초에 의해 시달린다. 골프장 잔디는 답압이 많고 물과 양분이 적은 모래 땅에서 자라기 때문에 스트레스가 심하다. 게다가 자연 상태에서 자라는 본래의 식물체 크기보다 매우 짧게 유지되기 때문에 광합성으로 양분을 만들 수 있는 능력이 떨어진다. 그래서 병해충의 공격과 잡초와의 경쟁에서도 취약하다. 특히 티잉 그라운드와 퍼팅그린에서 흔한 한지형 잔디는 추운지방 태생이기 때문에 여름철에는 더욱 생육이 떨어지면서 병에 감염되기 쉽다. 이렇게 다양한 이유로 인해서 골프장 잔디에 농약 사용은

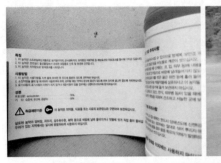

그림 2-14 유효성분 농도가 적혀 있는 농약 표지(왼쪽 사진). 농약병(봉지)의 겉면에는 농약의 유효
성분, 사용방법, 주의사항 등 자세한 정보가 표시되어 있다. 골프장에서의 농약 살포는
농약병(봉지)에 표시되어 있는 사용방법에 따라 보통 대형 장비를 이용하여 이루어진
다(오른쪽 사진).

필수적이다(그림 2-14).

　그러면 화학농약은 골프장 잔디에 살포된 뒤에 어떻게 될까? 농약이 고
체나 액체의 형태로 잔디 표면에 살포되면 여러 경로로 그들의 운명이 결
정된다(그림 2-15). 골프장 잔디에 살포된 화학농약 유효성분의 동선(동태)
을 쫓아가 보자. 물에 녹아 살포되거나 살포된 후 물에 녹은 농약의 유효
성분(주성분)은 일반적으로 식물체 조직에 흡수된다. 주로 잎의 기공이나
뿌리에 흡수되어 들어간다. 일부 침투이행성 농약들은 식물체 안으로 흡
수되어 물관이나 체관에서 물과 양분의 흐름에 따라 이동한다. 이때 병원
균이 잔디 조직 속에 들어가거나 해충이 잔디 조직을 저작하여 양분을
흡수하면 유효성분도 함께 흡수된다. 모든 농약이 식물체 조직 속으로 흡
수되는 것은 아니다. 잎 표면에만 묻는 농약도 많다. 그런 류의 농약은 주
로 병해충잡초의 표면에 묻어 흡수된 다음에 약효가 발현된다.

　　　　　　　　　　　　　　골프와 가드너를 위한 잔디밭 사계

그림 2-15 잔디밭에 화학농약 살포 후의 동태. 농약은 다양한 경로로 흡수되거나 분해된다. 때로는 지표면으로 유출되거나 토양 속으로 용탈되어 지하수로 내려간다.

화학농약의 유효성분은 토양 속으로 들어가 작은 토양 입자와 결합할 수 있다. 농약의 유효성분이 화학물질이라서 전기적 성질을 갖기 때문에 나타나는 현상이다. 토양과 결합하는 강도는 유효성분의 화학적 특성, 토양 pH 및 조성 내용(모래, 점토 및 유기물 비율)에 따라 크게 달라질 수 있다. 보통 모래보다 점토나 유기물 함량이 높은 토양에 농약 성분이 잘 붙는다. 농약이 토양에 많이 붙으면 지하수로 내려가거나 밖으로 유출되는 양이 적어지는 장점이 있다. 농약 유효성분 분자가 토양에 흡착되는 기간이 길수록 토양 속에 살고 있는 미생물에 의한 분해가 일어날 가능성이 높아지기 때문이다. 하지만 폭우나 과도한 관수에 의해 토양 침식이 일어나면 문제가 생길 수 있다. 침식에 의해 토양이 이동하면서 토양 입자에 흡착된 농약도 함께 이동된다. 이때 물에 녹아있거나 토양에 붙은 농약성분이 호수나 개울 그리고 강과 같은 곳에 도달하면 수질오염 문제가 불거질 수 있다.

농약의 유효성분은 살포되는 즉시 분해되기 시작하거나 독성이 덜한 단순한 화합물로 바뀌기도 한다. 먼저 햇빛에 의해 분해될 수 있다. 이를 광(光)분해라고 한다. 농약 유효성분의 광분해는 식물, 토양, 물 또는 햇빛이 도달하는 잎이나 토양 표면에서 발생한다. 또한 농약이 지표면에 살포되기 전 물과 섞였을 때나 살포 후에 물과 만나면 작은 분자나 이온으로 분해되는 가수분해가 일어나 변하게 된다. 농약 성분의 가수분해는 토양 표면이나 근권 등에서 일어나고 물이 따뜻할수록 활발하다. 그러니까 가수분해는 겨울보다 여름에 활발하다는 뜻이다. 토양 속에서는 온도가 낮기 때문에 토양 표면보다 훨씬 느려진다. 농약의 분해 속도는 유효성분, 제형 및 환경 조건에 따라 크게 다를 수 있다. 농약 유효성분의 분해 속도는 장점과 단점이 있다. 유효성분의 분해 시간이 오래 걸릴수록 방제 대상인 병원균·해충·잡초의 방제효과는 높고 길게 유지된다. 병충해 예방이나 잡초 종자의 발아 억제 기간도 길어진다. 이것을 농약 잔류 기간이라고 한다. 농약 본래의 취지를 생각하면 필요한 장점이다. 하지만 잔류 기간이 길수록 사람을 포함해 다른 많은 생물체에게는 독이 될 수 있다.

농약의 유효성분은 살포된 지점에서 미생물에 의해 분해되기도 한다. 세균, 바이러스, 균류, 조류 및 원생동물 등의 다양한 미생물은 잎 표면과 내부, 토양 표면 및 내부, 유기물 등 농약 살포 지점 어느 곳이나 셀 수 없이 많다. 농약의 유효성분에 의해 죽는 미생물이 있는 반면에 유효성분을 양분(먹이)으로 활용하는 미생물도 있다. 농약의 분해 속도는 그들의 활동 정도에 따라 달라진다. 예를 들면, 추운 겨울보다 더운 여름에 미생물 활동이 활발해서 유효성분의 분해 속도가 빠르다. 토양 깊이가 깊어질수록 미생물의 수도 적어지기 때문에 분해활동도 크게 감소한다. 농약의 유효성분 중에는 토양이나 식물체 표면에 살포했을 때 가스로 전환(휘산)되어 대기 중으로 날아가는 종류도 있다. 이런 경우에는 공기 중에 떠다니는 유효성분이 식물, 인간 및 동물에게 예기치 않는 결과를 초래하기도 한다. 예를 들면, 농약 살포 후 휘산된 가스가 다른 식물에게 약해를 유발하기도 한다. 보통 온도가 높은 조건에서 가스 전환이 잘된다. 그래서 농약에 의한 식물의 약해는 높은 온도와 건조한 조건에서 자주 발생한다.

그러면 어떻게 하면 골프장 생태계를 농약으로부터 더 안전하게 만들 수 있을까? 골프장에서 살포한 농약이 어떤 경로를 거쳐 어느 정도의 양으로 운명이 결정되는지에 관한 국내외 보고는 아직 없다. 골프장 환경이나 기상환경 그리고 관리방법 등에 따라 큰 차이가 생길 수 있다. 따라서 그러한 연구는 장기간에 걸쳐 많은 표본을 조사해야 하는 과정이다. 하지만 미국에서 몇년동안 연구한 자료로부터 그 단초를 얻을 수 있다. 1990년대 미국골프협회(USGA)가 후원한 골프장 환경 연구 프로젝트의 결론을 보자.

첫 번째로 농약 사용량 자체를 줄이는 것이다. 골프장 관리자는 농약을 살포할 때 라벨에 표기되어 있는 내용(사용방법과 사용량 등)을 읽고 따르는 것은 기본 중에 기본이다. 라벨 표기에 따라 보관 및 폐기하면 수자원 오염의 위험을 크게 줄일 수 있다. 농약을 선택할 때 잔류기간이 짧거나 유효성분량이 적은 농약을 선택하는 것도 좋은 방법 중 하나이다. 농약 유효성분의 반감기와 사용량이 종류마다 다르기 때문이다. 농약을 사용한다면, 잎, 대취 및 토양 유기물에 대한 흡착을 최대한 증가시켜 지하수로 내려가거나 외부로 유출되는 양을 줄이도록 하는 방법도 있다. 또한 토양 미생물 밀도를 높은 수준으로 유지한다면 농약 유효성분의 분해율이 높아지게 된다. 마지막으로 농약 흡수가 많이 되도록 잔디의 뿌리 형성을 유도하며 유지되도록 관리하는 것도 큰 도움이 된다.

· 공극(孔隙, Pore, Void): 토양의 부피 중 고체입자(고상)에 의해서 점유되지 않은 부분이며 수분 (액상)과 공기(기상)로 채워져 있다. 공극에는 대공극과 소공극이 있다. 공극의 크기가 작아서 모 세관 현상이 일어나는 소공극은 토양에서 물로 채워지는 공간이다.

· 반감기(半減期): DT_{50}(Dissipation time)으로 표시되며, 농약의 유효성분이 50%로 분해되는 데 필요한 시간을 말한다.

· 유효성분(有效成分): 화학적으로 규명되고 농약으로서의 예방이나 치료 효과를 나타내는 성분 을 말한다.

· 침출(浸出): 금속이나 분말 따위의 고체 성분을 용매인 액체 속에 녹여 흘러나오게 하는 것을 말한다. 환경에 문제되는 침출수 보도를 자주 접할 수 있다.

· 침투이행성 농약(移行性除草劑, Systemic pesticide): 토양이나 식물체 상에 살포된 농약 유효성분 이 식물의 뿌리나 잎줄기를 통하여 식물체 내로 흡수되어 식물체 내에서 다른 부분(전신, 위 또 는 아래 방향)으로 이동하여 병해충잡초를 죽이는 농약이다.

· 휘산(揮散): 액체 따위가 기체로 변하여 흩어지는 현상을 말한다.

■■■■■■ **가드너를 위한 TIP !** ■■■■■■

농약을 구입할 때는 잔디밭 규모를 고려해서 사용 후 남기지 않도록 소량의 제품을 구입하는 것 이 좋다. 농약을 일단 개봉하면 유효성분이 분해되기 시작하기 때문이다. 보통 7~10일 간격으로 2~3회 살포할 정도의 양이면 된다. 그 이후에 잔디에 문제가 발생하면 다른 유효성분의 농약으 로 구입해 사용하면 된다. 농약을 살포하고 난 후 빈병은 아이들 손에 닿지 않도록 보관한다. 정 기적으로 지방자치단체에서 빈 농약병과 영농폐기물을 수거해 간다. 이때 수거해가도록 하면 된다.

10. 농약은 골퍼의 신체 중에 어디에 가장 많이 묻을까?

본문 미리보기

골퍼들이 라운드 중에 신체 어디에 농약이 가장 많이 묻는지는 건강과 직결되기 때문에 매우 중요하다. 미국 연구자들의 연구 결과에 따르면 발을 통한 접촉 빈도가 가장 높았으며, 무릎 아래가 전체 대비 최대 50%까지 측정됐다. 그 다음으로 공을 줍는 손에 16~30%, 흉부에 12~15% 순이었으며, 얼굴과 머리에 1~5% 흡수된 것으로 나타났다. 이러한 비율은 골퍼의 운동 습관과 복장이나 잔디의 상태 등에 따라 달라질 수 있다. 골퍼들은 라운드 후에 복장과 몸을 청결하게 관리하면 농약 접촉에 의한 피해를 크게 줄일 수 있을 것으로 보인다.

골프장 잔디 관리자는 병해충잡초와 같은 수많은 적과 스트레스로부터 잔디를 보호하기 위해서 화학농약을 선택한다. 농약은 잔디 위 또는 토양 밑에 존재하는 병해충잡초를 대상으로 살포된다. 살포된 농약은 골퍼에게 라운드 내내 멋진 잔디와 수목을 즐길 수 있게 한다. 다른 한편으로 농약은 골퍼들에게 하나의 걱정거리일 수 있다. 농약이 경기 중에 공을 잡는 손이나 다리에 묻거나 공기 중으로 날아가 호흡기로 들어갈 수 있기 때문이다.

그럼 농약은 라운드 중인 골퍼의 신체 중 어느 부위에 가장 많이 묻을까. 2004년 11월 미국에서 발행된 『골프와 환경연구』지에 게재된 논문인 「잔디로부터 노출되는 살충제의 관리」는 골프를 즐기는 골퍼들에게 이런 궁금증을 풀어줄 구체적 정보를 제공한다. 미국 매사추세츠대의 환경 독소학 및 화학과의 퍼트남과 클락은 골프장에 뿌려진 농약이 골퍼의 어느 신체 부위에 얼마나 묻는지 추적했다(그림 2-16). 이들은 골프장에서 가장 널리 사용되는 살충제 중 하나인 클로르피리포스(Chlorpyrifos)를 코스에 살포한 후 100% 흡수가 가능한 옷과 장비를 착용한 8명의 골퍼들을 라운드에 투입했다.

결과는 어땠을까. 위 그림에서처럼 골퍼의 발을 통한 접촉 빈도가 가장 높았으며, 무릎 아래가 전체 대비 최대 50%까지 측정됐다. 그 다음으로 공을 줍는 손이 16~30%, 몸통이 12~15% 순이었으며, 얼굴과 머리에 1~5% 흡수된 것으로 측정됐다. 라운드 중인 골퍼의 신체 모든 부위가 농약에 노출된 것이다. 다행스럽게도 골퍼들에게서 검출된 농약은 미국 정

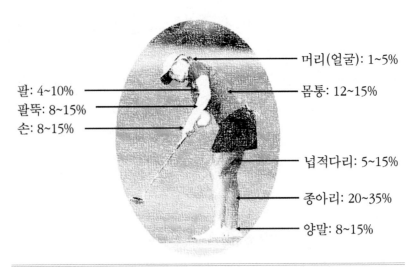

그림 2-16 라운드 후 골퍼의 신체 부위별 농약의 검출 비율. 거의 모든 신체 부위에서 농약이 검출된다. 그래서 골퍼는 라운드 후에 청결 관리가 중요하다.

골프와 가드너를 위한 잔디밭 사계

부 1일 허용치의 20% 내외였다. 검출량은 농약을 살포한 후 늦게 골프를 시작할수록 급격하게 떨어졌다. 물에 녹은 농약 성분이 시간이 갈수록 마르면서 토양으로 떨어졌기 때문으로 보인다. 매우 적은 양이지만 호흡을 통해서도 흡수되는 것으로 나타나서 라운드 시 주의가 필요할 것으로 보였다. 연구팀은 결과를 토대로 골퍼들이 농약으로부터 더 안전해질 수 있는 몇 가지 방법을 제시했다. 잔류 기간이 더 짧고 독성이 낮은 농약을 개발하고 사용할 것, 약제 살포 후 적절한 물주기, 코스를 나눈 후 부분적인 약제 살포, 라운드 시간과 가능한 먼 시간대에 살포하기 등이다.

비록 농약 검출량이 미국 정부 1일 허용치보다 낮더라도 골퍼들은 못마땅하고 불안할 것이다. 특히 골프공을 만진 손을 입에 대기 쉬운 어린이 골퍼를 둔 부모들의 고민은 더욱 클 것으로 생각된다. 하지만 채소 등을 흐르는 물에 씻으면 농약의 잔류농도가 크게 감소된다는 연구결과를 떠올려 보자. 골퍼들은 라운드 후에 복장과 몸을 청결하게 관리하면 농약 접촉은 크게 줄어들 것으로 예상할 수 있다. 어린이 골퍼는 사전에 철저한 교육과 관리로 농약 접촉을 최소화할 필요가 있다. 모든 골퍼는 라운드 후 샤워 정도는 꼭 하는 것이 좋다.

용어 알아보기

· 농약(農藥, Agricultural chemicals, Pesticides) : 농작물을 가해하는 균, 곤충, 잡초, 응애, 선충 및 기타 동식물 방제에 사용되는 살균제, 살충제, 제초제, 유인제, 보조제 등과 농작물의 생리기능을 증진 또는 억제시키는 데 사용되는 생장촉진제, 발아억제제, 생장억제제와 전착제 등의 약제를 총칭한다. 화학농약은 유효성분이 화학물질, 미생물 농약은 미생물을 원료로 만든 농약이다.

· 클로르피리포스(Chlorpyrifos): 1937년 합성된 살충제로 골프장, 채소 및 과수작물 재배, 아파트 방역 등에 광범위하게 사용되는 농약이다. 하지만 농촌진흥청에서는 국민의 건강과 농산물의 안정성 확보를 위해 2021년 9월에 클로르피리포스의 등록을 취소한 바 있다.

골퍼를 위한 TIP!

▶ 공에 모래나 잔디가 묻으면?

라운드 중에 비가 올 때면 공에 흙이나 모래 또는 잔디가 묻을 수 있다. 퍼팅그린에서는 볼마커를 놓고 공을 들어 모래나 잔디를 제거할 수 있지만 스루 더 그린에서는 그럴 수 없다. 하지만 공식 대회라도 코스 컨디션이 좋지 않을 경우 경기위원회에서 볼을 집어 닦을 수 있는 로컬룰을 정하면 가능하다.

가드너를 위한 TIP!

농약을 살포한 후 빠른 시간 내에 정원잔디를 밟고 싶다면 침투이행성 약제를 살포하는 것이 좋다. 침투이행성 약제는 식물체 속으로 흡수되어 작용하기 때문이다. 흡수속도는 농약마다 큰 차이가 있는데 거의 대부분의 경엽처리형 농약은 살포 후 24시간이면 충분하다. 전날 11시~15시경에 농약 살포 후 그 다음 날 11시~15시 사이에 잔디 잎에 묻은 농약이 씻겨 내려갈 정도의 물을 준다. 농약의 유효성분은 이미 잔디 속으로 흡수됐으니 약효가 줄어들 것이라는 걱정은 하지 않아도 좋다. 잔디밭에 물이 마르고 나면 밟아도 좋다. 단, 며칠동안은 신발 바닥에 농약 가루가 묻을 수 있으니 유의하자.

11. 골프장 에어건의 숨은 비밀은?

본문 미리보기

라운드를 마치고 클럽하우스로 향하는 길에 에어건이 있다. 에어건은 몸에 예지물이나 흙이 묻었을 때 털어내기 위한 개인위생 도구이다. 하지만 에어건은 골프장의 코스 위생에도 매우 중요하다. 골프화나 클럽에 병해충잡초가 묻어 다른 골프장이나 잔디밭으로 퍼질 수 있기 때문이다. 골프장 내에서 사람과 장비에 의한 병해충잡초의 전파는 매우 일반적이다. 따라서 라운드 후 에어건을 이용해 몸과 클럽에 묻은 이물질을 털어내는 것은 개인과 골프장을 위해 반드시 필요한 일이다.

골프장 클럽하우스와 코스 사이에는 에어건을 위한 공간이 있다. 에어건(Air gun)은 고압의 공기를 급격히 공기 중으로 분출시킬 수 있는 장치이다. 보통은 기체를 압축해서 체적을 줄이는 장치인 컴프레서(Compressor)에 에어건을 달아서 이용한다. 셀프세차장에서 바람으로 차 내부를 청소하는 바로 그 장치이다. 에어건 노즐에서는 강한 바람이 나온다. 그래서 고객들은 라운드 후 에어건에서 나오는 바람으로 몸이나 신발에 묻은 잔디 잎이나 흙을 털어낼 수 있다. 에어건은 골프장 고객들이 라운드 후 청결 관리를 하는 데 필수적이다.

하지만 사람들에게 알려지지 않은 에어건의 숨겨진 역할도 막중하다. 에어건은 골프장의 코스 위생에도 매우 중요하다(그림 2-17). 왜 그럴까? 주말 골퍼들은 라운드 후 다음 날 또는 다음 주 다른 골프장에 방문할 수

그림 2-17 골프장에 설치되어 있는 에어건(왼쪽 사진)과 워터건(오른쪽 사진). 에어건이나 워터건은 골퍼 개인의 위생에 매우 필요한 도구이지만, 골프장 위생에도 빠져서는 안 될 정도로 중요하다.

있다. 골프화나 클럽에 잔디나 모래가 묻은 채로 다른 골프장에 가게 되는 경우를 상상해 보자. 그 잔디나 모래가 병원균에 감염되었다면 그 골퍼는 병원균을 퍼뜨리는 숨은 전파자가 되는 것이다. 때로는 해충의 알이 잔디 잎에 붙어 있을 수 있다. 잡초 종자가 신발 속에 들어있을 수도 있다. 골프장을 자주 찾는 사람은 개인 위생을 소홀히 여길 경우에 자신도 모르는 사이에 병해충잡초를 퍼뜨리는 전파자가 되기도 한다.

코로나19가 한참 기승을 부리던 시기에 언론에서는 개인위생의 중요성을 지속적으로 강조했다. 개인 간의 거리두기나 외출 후 손을 닦는 것은 누구나 일상이 될 정도였다. 골프장의 위생도 사람의 그것과 크게 다를 바 없다. 하지만 차이는 존재한다. 코로나19 바이러스가 단기간에 전파되어 증상이 나타나는 병이라면 잔디의 병은 일반적으로 전파부터 발생과

골프와 가드너를 위한 잔디밭 사계

확산까지 보통 수개월에서 수년의 시간이 필요하다. 병해충 종류에 따라서 병충해를 일으키기에 아주 딱 맞는 환경일 때는 며칠이나 몇 주만에도 피해로 이어질 수 있다. 만약 그런 경로로 병충해가 발생했다면 골프장 코스관리팀장은 그전까지 볼 수 없었던 새로운 증상을 관찰하게 된다. 골프장으로서는 영문도 모르고 병해충 방제에 큰 비용을 지불해야 하니 억울한 일이 아닐 수 없다.

식물병리학 교과서에서는 식물병원균의 전파에 사람, 동물, 장비 등이 큰 역할을 한다고 기술되어 있다. 골프장 내에서 사람과 장비에 의한 병해충잡초의 전파는 매우 일반적이다. 따라서 골프장과 골프장 사이에서 사람에 의한 병해충잡초 전파가 어느 정도 영향을 미치는지는 쉽게 예상할 수 있다. 게다가 골프장에서 문제되는 잔디 병해충잡초는 몇 개월 또는 몇 년의 휴면기간도 가질 수 있는 종류도 많다. 살아있는 생물체에서만 살 수 있는 코로나19 바이러스와 크게 다르다.

최근에는 공기 대신에 물이 나오는 워터건(Water gun)을 추가로 설치하는 골프장도 늘고 있다. 라운드 후 신발과 클럽을 깨끗이 정리하는 골퍼라면 골프장에서 농약 사용을 줄이는데 큰 도움을 주고 있는 고마운 고객이다. 이들은 자신도 모르는 사이에 안전하고 건강한 골프장을 만드는데 큰 기여를 하고 있는 멋진 고객이다. 따라서 자신과 자신이 방문하는 골프장, 그리고 잔디의 건강을 위해서 라운드 후 청결에 각별한 관심을 기울이는 것이 바람직하다.

· 방제(防除, Control): 작물에 피해를 주는 각종 병해충 및 잡초 등을 제거하는 것을 말한다.

· 슈퍼전파자(Super-spreader): 전염병 감염자들 중 다른 사람들보다 훨씬 많이 2차 감염을 일으킨 사람을 말한다.

가드너를 위한 TIP!

아이들이나 반려견이 있는 집이라면 에어건을 정원과 현관 사이에 설치해도 좋다. 잔디밭에서 놀던 아이들이나 반려견 몸을 통해 흙이나 검불과 같은 이물질이 집안으로 들어올 수 있다. 에어건은 이물질을 줄이는데 큰 도움이 될 것이다. 에어건과 콤프레서가 있으면 된다. 너무 어린 아이들이 있는 집이라면 안전사고도 일어날 수 있으니 특별히 유의하자.

가을秋

1. 잔디도 단풍이 들까?

본문 미리보기

잔디도 단풍이 든다. 주로 들잔디에서 볼 수 있다. 들잔디 단풍은 노란색, 빨간색 등 다양한 색을 갖고 있다. 하지만 잔디의 단풍은 나무의 단풍처럼 사람들 눈높이에 있지 않다. 그래서 우리 눈에 쉽게 보이지 않는다. 게다가 보통의 들잔디 잎은 짧게 관리되고 있는 상태이기 때문에 단풍나무처럼 화려하지도 않다. 들잔디의 단풍은 나무의 단풍과 비슷한 시기에 보이기 시작해서 된서리가 내리기 전까지 유지된다. 그 시기에 골퍼들은 들잔디가 심어진 골프장 티잉 그라운드, 페어웨이, 러프에서 단풍을 볼 수 있다. 골퍼들은 들잔디에 단풍이 든 시기에는 컬러 공 대신에 흰색 공을 가져갈 것을 추천한다. 흰색 공이 눈에 더 잘 띄기 때문이다.

잔디도 단풍이 든다. 주로 들잔디에서 볼 수 있다. 들잔디 단풍은 나무의 단풍처럼 사람들 눈높이에 있지 않기 때문에 쉽게 눈에 띄지 않는다 (그림 3-1). 단풍은 붉을 단(丹)과 단풍나무 풍(楓)이 조합된 단어이다. 찬바람이 부는 계절에 잎의 색이 변하기 때문에 바람 풍(風)으로 생각하기 쉽지만 그렇지 않다. 한자를 생각하면 단풍은 단풍나무의 붉은 잎이 어원과 관계가 깊은 듯하다. 영어는 한자보다 좀 더 구체적이다. Autumn colors 또는 Autumn tints, Tinted autumnal leaves는 모두 가을 잎의 색을 가리킨다. 한자인 단풍은 붉은 색의 단풍나무가 단풍을 대변하는 듯하지만, 영어식 단풍 표현은 특정 나무나 특정 색깔을 지칭하지 않는다. 그만큼 단풍색이 다채롭기 때문이다. 우리식 표현도 그렇게 변화했다. 지금은 단풍나무의 붉은 잎이나 은행나무의 노란 잎도 모두 단풍이라고

그림 3-1 어느 골프장 클럽 하우스 앞 잔디. 단풍나무 옆 들잔디에 단풍이 한창이다(위쪽 사진). 들잔디 단풍은 나무의 단풍색처럼 다양하다(아래쪽 사진). 들잔디 단풍의 화려함 정도는 식물체의 유전적 특성, 영양 상태, 기상 상황 등에 따라 크게 다르다. 하지만 보통의 잔디밭 단풍은 잎이 짧게 깎여진 상태로 유지되기 때문에 사람들 눈에 잘 띄지 않는다.

한다.

단풍은 왜 들까? 스웨덴의 식물학자인 Keskitalo와 연구진들은 단풍을 가을 노화(Autumnal senescence)로 정의한다. 그들의 정의에 따르면 단풍은 짧아지는 낮 길이에 의해 자극받아 사직되는 가을 잎 노화의 일종이다. 단풍은 네 가지 색소와 관련된다. 가시광선 중 어느 색을 반사하느냐에 따라 우리 눈에 보인다. 파란색과 빨간색을 흡수하고 녹색을 반사하는 엽록소, 빨간색·노란색·주황색을 반사하는 카로티노이드, 빨간색·파랑색·남색을 반사하는 안토시아닌. 그리고 노란색을 반사하는 크산토필이 있다. 잎에서 색소가 생성되거나 퇴화되는 정도에 따라서 다른 색이 나올 수 있다. 그래서 단풍 시기에 가을 잎은 형형색색이다.

그들의 연구에 따르면, 녹색의 여름 잎은 엽록소와 카로티노이드를 모두 포함하고 있는 반면 안토시아닌은 노화 중기 동안 특정 나무 종에서만 생성된다. 계절이 가을로 접어들면 카로티노이드는 잎에서 엽록소가 분해되기 시작하면서 드러난다. 낮의 길이가 짧고 태양 각도가 낮아 광주기가 감소함에 따라 엽록소 생성이 느려지고 결국 중단된다. 게다가 엽록체가 잎 속에서 분해되기 시작하면서 광합성 속도는 더욱 느려진다. 잎의 성장기 동안 엽록소에 의해 가려졌던 카로티노이드와 다른 색소는 이때 드러나기 시작한다. 어떻게 보면 단풍은 엽록소보다 다른 색소의 분해가 늦은 탓에 나타나는 현상이기도 하다.

안토시아닌을 합성하는 기작은 식물에 따라 다르다. 잎이 노화되는 동안 잎에 있던 질소, 인, 황 등이 저장 장소인 줄기와 가지로 이동한다. 체내 양분이 낙엽으로 잃어버리는 것을 방지하기 위함이다. 이때 어떤 종에서는 잎의 영양 결핍이 안토시아닌 색소의 합성을 유도하기도 한다. 반면에 가을의 낮은 기온으로 인해 잎에 있던 당이 저장기관으로 이동이 늦어짐에 따라 당과 안토시아니딘이 반응하여 안토시아닌 생성을 촉진하는 종도 있다. 따라서 잎에 남은 양분의 종류와 양 그리고 어느 색소가 드러나느냐에 따라 단풍색은 달라진다. 결론적으로 단풍의 가장 중요한 원인 중 하나는 광주기지만, 같은 식물이라고 하더라도 단풍은 잎에 남아있는 양분의 종류와 양, 온도, 습도, 강수량에 따라 단풍 색깔, 단풍의 유지 기간 등이 크게 달라질 수 있다. 매년 단풍철과 단풍색이 달라지는 이유이다.

잔디 단풍에 관한 연구는 전 세계적으로 아직까지 이루어지지 않고 있다. 미국의 잔디 평가 프로그램인 NTEP (National Turfgrass Evaluation Program)에서조차 조사 항목에 단풍이 들어있지 않다. 사실 우리 눈에 보이는 잔디는 거의 대부분 깎인 채로 보이기 때문에 단풍이 의미 없다고 생각할지 모른다. 하지만 단풍이 가득한 가을의 잔디밭은 주변 경관을 훨씬 더 풍성하게 한다. 잔디 종류를 다양하게 접해 온 많은 잔디 연구자들은 가장 아름다운 단풍을 가진 종류로 들잔디를 꼽는다(그림 3-2). 반면에 또 다른 자생종인 금잔디의 단풍은 들잔디의 아름다움에 미치지 못한다. 추운 지방이 원산지인 켄터키 블루그래스, 크리핑 벤트그래스, 페레니얼 라이그래스는 늦가을에도 녹색이다. 그들은 한겨울 혹한과 접해야 비로소 갈색의 휴면색으로 바뀐다. 따라서 그들에게서 단풍은 쉽게 볼 수 없다.

골프장에서 들잔디의 단풍은 나무의 단풍과 비슷한 시기에 보이기 시작해서 된서리가 내리기 전까지 유지된다. 그 시기에 들잔디가 심어진 골

그림 3-2 전국에서 채집한 들잔디와 금잔디 수집종들(왼쪽 사진)과 빨갛게 단풍 든 들잔디 유전 자원(오른쪽 사진). 동일한 들잔디나 금잔디라고 해도 채집 지역이나 식물체 특성에 따라 녹색기간과 단풍의 색이 다르다.

프장 페어웨이는 형형색색이다. 골프장에 따라 티잉 그라운드나 러프에서 도 볼 수 있다.

하지만 잔디 단풍은 주변에 늘어선 큰 나무들 단풍의 화려함에는 미치지 못한다. 그래도 공을 쫓는 골퍼라면 시선이 잔디로 향할 때만이라도 잔디의 단풍을 즐겨보자. 이때 공을 찾기 어려울 수 있다. 골퍼들은 잔디가 단풍이 든 시기에는 컬러 공 대신에 흰색 공을 추천한다. 흰색 공이 눈에 더 잘 띄기 때문이다. 들잔디 단풍이 한창인 시기에 붉은색 공을 가져간다면 공을 찾는데 시간이 많이 필요할 수도 있다.

· 가시광선(可視光線, Visible light): 물체에 닿아 반사되는 광선으로 인간의 눈에 색채로써 느껴지는 파장의 범위를 가진 광선이다. 파장의 인지범위는 사람에 따라 다소 차이가 있으나, 400㎚(자색)에서 700㎚(적색) 사이의 광을 말한다.

· 광주기(光週期, Photoperiod): 낮 동안 생물이 적절한 활동을 할 수 있도록 빛에 노출되는 시간의 단위를 말한다. 광주기는 식물의 생장과 발육에 영향을 미친다.

· NTEP(National Turfgrass Evaluation Program): 미국 농무성에서 진행하고 있는 잔디평가 프로그램이다. GCSAA (미국코스관리자협회), USGA(미국골프협회) 등의 지원으로 기후 환경이 다른 미국 내 40여 개 지역과 캐나다의 6개 지역 등에서 잔디 품종의 특성과 품질을 평가한다. 평가항목은 전체적인 품질과 색깔, 밀도, 내병성, 내충성, 내서성, 내한성, 내건성, 내답압성 등이며, 그 결과를 매년 보고서로 작성하여 홈페이지에 게시하고 있다. 그 자료는 우리나라를 포함해서 많은 나라의 잔디 업계 종사자들이 활용하고 있다.

· 자생종(自生種): 어느 지역에 본디부터 퍼져 살고 있는 생물의 종을 말한다.

단풍이 들기 전 초가을에는 잔디 잎을 그전보다 더 길게 자르는 것이 좋다. 잎이 커지면 광합성을 더 많이 하게 되어 겨울 준비(경화)에 도움이 된다. 경화기간을 잘 보내는 잔디는 혹한의 겨울도 걱정 없다. 잎이 길어지니 단풍도 더 화려해지고 선명해져서 정원의 가을은 더욱 풍성해질 수 있다. 잔디밭 정원을 가진 분들께 잔디가 주는 가을 선물이다.

2. 가을철 퍼팅그린 잔디 색이 울긋불긋한 이유는?

본문 미리보기

가을이나 이른 봄에 퍼팅그린에서 퍼팅을 할 때 잔디가 둥그런 모양으로 얼룩덜룩하게 보일 때가 있다. 자세히 보면, 잔디 잎이 색만 변했다. 그것은 골프장에서 잔디관리에 소홀해서가 아니다. 그렇다고 잔디가 병에 걸렸다거나 잡초가 발생한 것도 아니다. 그것은 종자를 뿌려서 만든 잔디밭에서 나타나는 형질분리현상이다. 잔디밭에 뿌린 수많은 잔디 종자는 발아해서 자라 어른 식물체가 된다. 형질분리현상은 그들의 유전자가 서로 달라서 환경이나 양분 상태에 따라 반응하여 잎에 다양한 색으로 나타나는 자연스러운 모양이다. 우리나라 골프장의 거의 모든 퍼팅그린은 크리핑 벤트그래스 품종으로 식재되어 있다. 퍼팅그린은 종자 파종으로 만들거나 종자 파종으로 생산된 뗏장으로 조성된다. 그래서 그런 현상이 나타난다. 하지만 형질분리현상은 퍼팅을 할 때 공의 라이를 변하게 할 정도는 아니라서 플레이에 방해가 되지는 않는다.

가을이나 이른 봄에 골프장에서 퍼팅을 하다 보면 단풍이 든 것처럼 동그란 모양으로 잔디가 얼룩덜룩하게 보이기도 한다. 잔디가 병에 걸린 것 같기도 해서 보기에 흉할 때가 있다. 자세히 보면, 잔디 식물체는 정상이고 색깔만 변했다. 우리나라 골프장 퍼팅그린에서 흔한 현상이다. 이른바 형질분리현상이다(그림 3-3). 퍼팅그린에 있는 식물체 사이의 엽색 차이에 의해 얼룩덜룩하게 보이는 것이다. 왜 그런 현상이 일어날까? 우리나라 골프장 퍼팅그린에는 거의 대부분 크리핑 벤트그래스가 식재되어 있다. 크리핑 벤트그래스는 매우 높은 수준의 타식성 식물이다. 타식성 식물은 새로운 품종을 만들기 위해서 일반적으로 모본(암술 식물체)과 부본(수술 식물체)을 교배해야 한다. 특성이 다른 모본과 부본을 교배하면 종자인 자

그림 3-3 크리핑 벤트그래스 퍼팅그린에 나타난 형질분리현상(위쪽 사진)과 형질분리현상을 보인 크리핑 벤트그래스 식물체의 근접 사진(아래쪽 사진). 마치 병에 걸린 것처럼 보이지만 자연 상태에서 종자 각각의 유전적 특성이 발현되어 나타나는 자연스러운 현상이다. 단풍이 든 것과 비슷하다.

식 세대에서 다양한 식물학적 특성이 나타난다. 그래서 수많은 종자를 뿌려 만들어진 벤트그래스 퍼팅그린이 형형색색으로 나타나는 것이다. 종자들의 특성이 퍼팅그린에서 발현됐기 때문이다.

좀 더 자세히 살펴보자. 형질분리현상의 원인은 교배 모본(양친)의 유전형질이 종자가 발아해서 자란 식물체에서 되살아나는 현상이다. 예를 들면, 엽폭이 좁은 모본과 엽폭이 넓은 부본을 교배하여 F1 종자(모본과 부본 교배 후 생긴 일대잡종종자, First Filial Generation의 약자)를 생산한 후에 파종한다고 가정하자. 그러면 많은 종자가 뿌려진 잔디밭에는 엽폭이 좁은 개체, 넓은 개체, 중간인 개체 등 다양한 개체(자식 식물체)가 나타난다. 크리핑 벤트그래스 퍼팅그린의 형질분리현상은 바로 그런 이유 때문이다. 크리핑 벤트그래스는 타식성 식물이라서 우성 형질과 열성 형질을 가리지 않고 모두 후대 세대에서 발현된다. 그러면 자식성 식물(암술이 같은 그루 안의 꽃으로부터 꽃가루를 받아 수정이 이루어지는 식물)은 어떨까? 자식성 식물은 인공교배를 통해 얻은 F1 종자가 열성 형질은 발현하지 않고 잠복하고 우성형질만 발현한다. 그래서 식물체가 균일하다. 그 유명한 멘델의 법칙 중 하나인 분리의 법칙 때문이다. 종묘상에서 고추나 토마토 등의 종자나 모종을 구입해 텃밭에 심었다고 가정해 보자. 그들은 자식성 작물이기 때문에 수확철이 되어도 식물체 크기나 과일의 모양과 크기가 매우 균일하다. F1 종자거나 F1 종자로 키운 모종을 사용했기 때문이다. 하지만 비싼 종자값을 아끼려고 밭에서 고추나 토마토 종자(F2 종자)를 직접 받아 다음 해에 심는다면? 그 종자들은 열성 형질이 발현되어 수확 시기에는 작은 식물체, 키만 큰 식물체, 병에 약한 식물체 등 다양한 개체들을 볼 수 있을 것이다.

형질분리현상은 크리핑 벤트그래스 퍼팅그린에서 생육기 잎에 색소체가 침착되면서 지속적으로 나타난다. 이러한 현상은 잔디에 비료 성분이 부족할 때 더욱 확연하다. 잔디 속에 비료 성분이 충분해 엽록소가 많고 진하면 녹색에 가려 다른 색소가 드러나지 않는다. 그러다가 양분 부족으로 엽록소가 적어지면 본래의 색깔을 드러내 개체 간에 다르게 보인다. 낮과 밤의 기온 차가 큰 가을철이나 초봄에도 발생할 수 있다. 보통 낮 온도가 15~20℃, 밤 기온이 0℃ 정도의 상황이 1~2주간 지속될 때가 발생하기에 좋은 조건이다. 이러한 조건에서는 낮에 광합성이 활발하지만, 밤에는 온도가 낮아 호흡량이 감소하여 포도당의 분해가 늦어진다. 잎에서 생산한 포도당이 저장기관인 관부와 뿌리로 이동이 원활하지 않으면 잎에 남는 양이 많아지게 된다. 잎에 남은 당은 안토시아니딘과 반응하여 부분적으로 잔디 잎은 적색으로 얼룩지게 된다. 이러한 현상은 밤 온도가 올라가면 자연스럽게 호흡량이 늘어나면서 포도당도 분해되어 사라진다.

골프장 입장에서 퍼팅그린에서 형질분리현상이 반복적으로 나타난다면 다른 품종으로 교체하는 것이 가장 근본적인 대책이다. 형질분리현상은 오래된 품종에서 그 현상이 심한 편이기 때문이다. 따라서 퍼팅그린 전체를 한꺼번에 신품종으로 교체하는 것보다 조금씩 교체하는 방법인 보파(Inter-seeding)가 바람직하다. 골프장은 영업을 지속해야 하기 때문이다. 비료 성분이 부족할 때는 엽록소 구성성분과 관계되는 미네랄인 질소, 철, 마그네슘 등을 시비하는 것도 좋다. 시비 후에는 잎에 엽록소 생산이 많아지기 때문에 엽색이 균일하게 된다. 하지만 시비에 의한 대처는 근본적인 대응이 아니기 때문에 언제라도 다시 나타날 수 있다. 그렇다면 골프장 오너(대표)나 골퍼 모두가 발상의 전환을 하는 것은 어떨까? 퍼팅그린이 늘 녹색이 아닐 수도 있다는 생각을 해보는 것이다. 잔디가 건강하다면 울긋불긋한 퍼팅그린도 자연 그대로의 색이니 아름답지 않은가!

용어 알아보기

· 교배모본(交配母本): 식물 육종을 할 때 우수한 후대를 육성하기 위하여 교배 재료로 쓰이는 양친(엄마식물체와 아빠식물체) 식물을 말한다.

· 멘델의 법칙(Mendel-法則): 오스트리아의 유전학자 멘델이 1865년에 발표한 세 가지 유전 법칙을 말한다. 우성과 열성의 대립 유전자에 따라 형질이 지배된다는 우열의 법칙, 대립 유전자의 분리가 일정한 비율을 보인다는 분리의 법칙, 그리고 각 유전자는 독립적으로 행동하며 배우자를 형성한다는 독립의 법칙이 있다.

· 보파(補播, Inter-seeding): 뿌린 씨가 싹트지 않거나 잘 자라지 않는 곳에 새로 씨를 더 뿌리는 것을 말한다. 잔디밭에서 보파는 지상부 밀도가 떨어졌을 때 추가로 파종하는 것이 일반적이다. 또한 발아가 불량한 곳에 추가적으로 파종하는 것도 의미한다. 디보트 및 손상된 잔디면의 복구를 위해 기존 잔디밭에 종자와 모래를 일정 비율로 혼합하여 파종하는 것도 보파라고 한다.

· 우성형질(優性形質): 대립 형질이 있는 양친을 교배했을 때 잡종 1대(F1)에 표현형으로 나타나는 형질을 말한다.

· 인공교배(人工交配): 식물과 동물 등 생물체에서 암컷과 수컷을 서로 인위적으로 수정을 시키거나 수분을 시키는 일을 말한다.

· 자식성 식물(自殖性植物): 암술이 같은 그루 안의 꽃으로부터 꽃가루를 받아 수정이 이루어지는 식물을 말한다. 일반적으로 자연 교잡율이 4% 이하인 식물들이다. 토마토, 가지, 고추, 갓, 복숭아, 포도 따위가 있다.

· 타식성 식물(他殖性植物): 타가수정을 주로 하는 식물을 말한다. 타가수정은 다른 개체의 꽃으로부터 꽃가루를 받아 하는 수정이다.

골프와 가드너를 위한 잔디밭 사계

▶ 퍼팅그린에서 동전으로 공의 위치를 표시해도 될까?

퍼팅그린에서 공의 위치를 표시할 때는 굳이 볼마커(Ball marker)로만 하지 않아도 된다. 동전이나 티 등으로 해도 된다. 주변에 있던 작은 돌이나 나뭇잎도 가능하다. 하지만 작은 돌과 같이 납작하지 않은 것은 동반자의 퍼트 선상에 있을 때 공과 충돌할 위험이 있다. 나뭇잎은 바람에 날려서 이동하게 되면 플레이어가 손해를 볼 수 있다. 볼마커는 볼 뒷면으로부터 가까운 지점(약 5㎝ 이내)에 두어야 한다. 그렇지 않으면 1벌타를 받는다. 동반자의 볼마커에 맞고 굴절이 되었다면 공이 멈춘 자리에서 플레이를 해야 한다. 따라서 골퍼는 상대방 퍼트에 방해가 되지 않도록 동반자의 볼마커를 옆으로 이동하도록 요구해야 한다. 상대방이 요구사항을 들어주지 않을 경우에는 상대방에게 1벌타가 주어진다.

들잔디 정원에서는 형질분리현상을 보기 힘들다. 들잔디는 보통 뗏장으로 식재하기 때문이다. 뗏장은 영양번식이기 때문에 종자처럼 형질분리현상이 나타나지 않는다. 들잔디 종자는 우리나라 기업체가 미국이나 중국의 종자회사에서 수입해서 판매한다. 최근의 들잔디 종자는 미국과 중국의 작황이 좋지 않아 발아율이 낮고 매우 비싸다. 그래서 잔디밭 조성 비용으로 따지자면 종자보다 뗏장 식재가 훨씬 낫다. 잔디밭 완성도 뗏장 식재가 훨씬 빠르다. 그럼에도 종자회사로부터 들잔디 종자를 구입하고자 한다면 발아율과 가격을 꼼꼼히 확인하는 것이 좋다.

3. 잔디는 왜
   낙엽이 지지 않을까?

본문 미리보기

잔디는 나무와 비교할 때 잎의 구조가 다르다. 나무의 잎은 엽신과 엽병으로 구성되어 있지만, 잔디의 잎은 엽신과 엽초로 이루어져 있다. 잔디 잎의 엽신과 엽초는 연결되어 있어서 늦가을이 되어도 나무처럼 줄기에서 잎이 쉽게 떨어지지 않는다. 그래서 잔디는 나무처럼 낙엽이 진다고 표현하지 않고 색만 바뀌기 때문에 휴면에 들어간다고 표현한다. 골퍼들이 한겨울에 골프장에서 골프를 할 수 있는 것은 잔디의 잎이 색만 변하고 떨어지지 않기 때문이다. 겨울을 넘긴 대부분의 잔디 잎은 봄이 되어 새싹이 올라오면서 줄기에서 떨어져 나간다.

골퍼들이 늦가을과 겨울에도 잔디밭에서 골프를 할 수 있는 이유 중 하나는 잔디의 잎이 떨어지지 않기 때문이다(그림 3-4). 늦가을에 잎이 모두 떨어진 잔디를 상상해 보라. 골프장 티잉 그라운드, 페어웨이, 퍼팅그린은 갈색이나 녹색의 잔디 대신에 맨땅으로 드러날 것이다. 그러면 과연 골프장으로 향할 사람들이 있을까? 월드컵경기장이나 프로야구장의 가을 경기 장면도 지금과는 사뭇 다를 것이다. 가을이 되면 잔디의 잎은 나뭇잎처럼 색이 변하는데 왜 낙엽은 지지 않는 것일까?

식물체에서 잎이 떨어지는 이유는 많다. 병해충의 공격을 심하게 받았다거나 양분의 불균형으로 떨어질 수 있다. 잎에 가한 사람이나 동물의 물리적인 충격이 낙엽으로 이어질 수 있다. 일반적으로 나무의 잎은 가을이 되어 추워지면서 떨어진다. 이것이 낙엽(落葉)이다. 낙엽이 지면 나무는 겨울 준비를 끝냈다는 신호다. 나뭇잎은 겨울이 되기 전에 나무에서 분리

그림 3-4 들잔디의 생육기(왼쪽 사진) 및 휴면기(오른쪽 사진) 상태. 생육기 중에 만들어진 들잔디 잎은 겨울이 와도 낙엽이 되지 않는다. 한겨울에도 골프장, 운동경기장, 학교운동장, 파크골프장, 공원 등에서 맨땅 대신에 잔디를 밟을 수 있는 이유이기도 하다.

되기 위해 떨어질 부분을 미리 정해 놓는다. 우리말로 떨켜라 부른다. 이층(離層, Abscission layer)이나 탈리층이라고도 한다. 잎과 줄기가 만나는 지점에 있다. 정확히는 엽병(잎자루)과 줄기(또는 가지)가 붙은 지점에 생기는 특수한 세포층이다. 낙엽은 다년생 식물에게는 매우 중요한 과정이다. 왜 그럴까? 낙엽 과정이 너무 늦으면 잎은 겨울 추위에 서리 피해를 입을 수 있다. 낙엽 과정이 너무 빨리 이루어지면 잎의 양분이 많이 남아서 겨울을 보내고 봄에 사용할 양분 축적을 충분히 할 수 없다. 그래서 식물은 낙엽이 지기 전까지 광합성을 최대한 많이 하고 잎에 있는 양분을 저장기관으로 옮겨서 양분 손실을 최소화해야 한다.

겨울이 와도 낙엽이 지지 않으면 어떻게 될까? 잎은 추위에 모든 세포가 파괴되어 죽을 때까지 증산을 계속한다. 뿌리는 부족한 수분을 흡수해 체내에 채워야 한다. 수분이 많을수록 어는점은 높아지니 조금만 추워져도 잎은 금방 얼게 된다. 생육기 중에 바람과 같은 물리적인 힘이 잎에 가해져 떨어져도 문제가 될 수 있다. 이 부분은 상처가 되어 수분의 손실로 이어지고 병원균 감염 통로가 될 수 있기 때문이다. 대부분의 식물에서는 그런 위험으로부터 자신을 보호하기 위해 낙엽이 지기 전에 떨켜가 만들어진다. 떨켜는 식물 종에 따라 다르지만 여러 세포층으로 이루어있기 때문에 매우 견고하다. 따라서 나무에서 볼 수 있는 떨켜의 세포층은 그런 위험으로부터 식물체 자신을 지키는 역할을 한다. 그 세포층으로 인해서 잎이 분리되어도 수분 손실이 일어나지 않고 병원균으로부터 안전하다.

그럼 나무와 같은 일반 식물에서 낙엽은 어떻게 진행될까? 잎이 가지나 줄기에서 분리되는 과정은 식물에 따라 조금씩 다르지만 보통은 다음과 같다. 나무를 예로 들어보자. 나무의 잎은 엽신(잎몸 또는 잎새)과 엽병(잎자루)로 이루어져 있다(그림 3-5). 먼저 가지(또는 줄기)와 엽병이 맞닿는 부분에서 둘이 분리되는 선(층)이 생긴다. 그 다음에 가지에 인접한 분리층 세포가 확대되는 반면에 인접 세포는 덜 빠르게 성장한다. 양쪽 세포의 성장 차이는 기계적으로 약한 지점을 만들게 되면서 분리층이 더 명확해진다. 분리층이 완성되어감에 따라서 줄기나 가지에서 잎으로 가는 수분이 차단되면서 잎은 서서히 말라간다. 그래서 낙엽시기에 나무를 보면 잎이 조금씩 마르는 것을 볼 수 있다. 결국 잎(엽신과 엽병)은 줄기나 가지에서 분리되고 중력이 작용하여 땅으로 떨어진다.

잔디는 나무와 비교할 때 낙엽이 지는 방식이 크게 다르다. 우리 주변에서 흔히 볼 수 있는 들잔디를 예로 들어보자. 들잔디는 나무와 마찬가지로 겨울이 오기 전에 잎에 있는 양분을 줄기와 뿌리에 저장한다. 혹독한 겨울을 보내려면 잎에 있는 양분을 줄기와 뿌리로 옮겨 최대한 많이 저장해야 하기 때문이다. 그래야 세포질에 점성이 높아져서 웬만한 추위에도 얼지 않는다. 잔디의 낙엽을 살펴보려면 잎 구조를 먼저 이해해야 한다. 잔디는 나무와 비교하면 매우 다른 잎 구조를 가지고 있다(그림 3-5). 그래서 들잔디의 낙엽 원리는 나무나 광엽 식물과 크게 다르다. 잔디의 잎은 엽신과 엽초로 구성되어 있지만, 나무는 엽신과 엽병으로 이루어져 있다. 들잔디의 엽신과 엽초는 단단하게 이어져 있어서 쉽게 떨어지지 않는다. 게다가 나무처럼 잎이 높게 달리거나 무겁지 않아서 중력의 영향도 덜 받는다. 그래서 잔디에서는 낙엽이라는 용어를 사용하지 않는다. 겨울에도 잎과 줄기가 그대로 달려있다. 가을이나 겨울에 잔디 잎의 색이 변하면 휴면에 돌입했다고 표현한다. 정확하게는 들잔디 지상부 잎(엽신과 엽초)은 죽고 지표면이나 땅속에 있는 줄기와 뿌리는 휴면을 한다.

들잔디의 잎은 가을철 휴면에 들어가면 갈색으로 바뀌고 봄까지 그대로 유지한다. 바람이 심하게 불거나 사람들이 밟게 되면 물리적 힘에 의해 엽신이 엽초에서 떨어져 나가기도 한다. 낙엽이 지지 않고 겨우내 서 있는 죽은 잎과 줄기는 토양 속 살아있는 잔디가 동해를 입지 않도록 보호한다. 겨우내 골퍼들의 발자국에 잔디의 지상부가 부서지거나 꺾어져서 지면으로 떨어질 때쯤이면 봄이 되어 새로운 잎이 생겨난다. 사람들의 답압으로 휴면을 보낸 잎(엽신과 엽초)이 관부에서 떨어진 것이다. 답압의 강도에 따라 엽초보다 엽신이 먼저 떨어지기도 한다. 잔디밭은 다시 녹색을 되찾는다. 봄 예초에서 장비에 수거되거나 바람에 날려 주변으로 퍼지기도 한다. 지면으로 떨어진 잎과 줄기는 미생물과 햇빛에 분해되고 잔디와 토양 미생물의 양분으로 활용된다. 그렇게 잔디밭은 온전히 녹색으로 변한다. 만약에 잔디의 관부가 없는 사계절 골프장을 상상해 보라. 특히 겨울 골프가 가능한 것은 겨우내 잔디의 관부가 잎과 줄기를 단단히 잡고 있는 덕분이다.

그림 3-5 벚나무(위쪽 사진)와 들잔디(아래쪽 사진)의 잎. 벚나무는 줄기와 엽병(잎자루)이 만나는 지점이 분리되었을 때 잎(엽신과 엽병)의 무게에 중력이 작용하여 땅으로 떨어진다. 그게 바로 낙엽이다. 잔디 잎은 엽신(잎몸)과 엽초(잎집)로 구성된다. 엽신과 엽초는 단단하게 연결되어 있어서 단풍이 들거나 노화되어 죽어도 쉽게 떨어지지 않는다(아래쪽 사진의 갈색의 마른 엽신과 엽초). 그래서 겨울 잔디밭은 맨땅이 드러나지 않는다.

· 광엽식물(廣葉植物, Broadleaved plants): 쌍자엽식물로 그물맥을 가지고 있는 잎이 넓은 식물이다.

· 동해(凍害, Freezing injury): 0℃ 이하의 저온에서 식물의 조직이 얼어서 세포조직이 파괴되어 나타나는 피해를 말한다. 한해(Cold injury, 寒害)는 추워서 생육이 억제되거나 정지되는 것을 뜻하고 냉해(Chilling injury, 冷害)는 0℃ 이상의 온도에서 일시적인 저온에 의한 피해로서 온도가 높은 봄철이나 여름철에 나타나는 저온성 기상장해이다.

골퍼를 위한 TIP!

▶ 퍼트 선상에 있는 나뭇잎은 제거할 수 있을까?

골프장 코스에는 가을이 되면 많은 나뭇잎이 떨어진다. 그린에 나뭇잎이 떨어져 홀컵까지의 라이에 있을 경우에는 어떻게 할까? 나뭇잎은 루스 임페디먼트에 속한다. 따라서 나뭇잎을 제거해도 벌타는 없다. 대신에 퍼트 선을 누르지 않도록 주의해야 한다.

가드너를 위한 TIP!

들잔디 휴면 잎은 이른 봄 3~4월 경에 예초기로 깎아주면 좋다. 이때 낮게 깎으면 식물체로부터 잎이 분리되어 예지물로 수확된다. 이 시기의 낮은 예초는 잔디밭을 깔끔하게 하고 햇볕이 토양에 바로 닿을 수 있어서 온도가 높아지기 때문에 녹색으로 변하는 그린업에도 도움이 된다. 관부가 다칠 정도로 너무 낮은 예초는 하지 않도록 한다.

4. 티박스에 동반자가 한꺼번에 올라가면 안 되는 이유

본문 미리보기

여러분이 티샷을 위해 티박스에 올라갈 때 캐디는 동반자가 함께 올라가지 못하도록 제지한다. 캐디는 보통 동반자의 안전을 이유로 올라가지 말라고 한다. 하지만 다른 뜻도 숨어 있다. 바로 잔디의 건강 때문이다. 티박스에서 연습 스윙을 반복적으로 하면 잔디 생육과 생존에 굉장히 좋지 않다. 스윙을 하는 골퍼의 무게가 온전히 잔디에게 전달되기 때문이다. 골퍼의 신발에 요철이 있다면 잔디가 받는 압력은 더욱 커진다. 특히 티박스에 식재된 잔디가 한지형이라면 여름철에 잔디가 약해질 때 피해가 더 커질 수 있다. 따라서 동반자의 안전사고를 예방하고 잔디의 건강을 생각한다면, 골퍼는 본인 순서에 맞춰서 티박스에 올라가는 것이 바람직하다.

골퍼들은 동반자가 티샷을 위해 티박스에 올라갈 때 습관적으로 함께 올라가려 한다. 캐디는 보통 동반자가 함께 올라가지 못하도록 막는다. 안전사고를 예방하기 위함이라고 얘기한다. 사실 다른 이유도 있다. 골퍼의 답압으로부터 잔디를 보호하기 위함이다(그림 3-6). 답압(踏壓)은 밟을 답(踏)과 누를 압(壓)으로 "밟고 누른다"는 의미이다. 사전적 의미는 좀 더 구체적이다. 농경지가 겨울 동안 얼었다가 봄에 기온이 높아지면서 부풀어 오르는 것을 막기 위해 씨앗을 뿌린 후 토양을 밟아 주는 일 또는 겨울 동안 들뜬 겉흙을 눌러 주고 보리의 뿌리가 잘 내리도록 이른 봄에 보리 싹의 그루터기를 밟아 주는 일이라고 기술되어 있다. 그러니까 답압은 농업에서 유래된 단어이다. 흙이 부풀어 오른 밭에서 보리의 뿌리는 들떠 있기 때문에 수분을 제대로 흡수할 수 없다. 보리나 밀 농사에서 답압은 햇살이 강해지고 비가 오지 않는 봄 가뭄 시작 전에 반드시 해야 하는 작업이다.

골프와 가드너를 위한 잔디밭 사계

그림 3-6 일부 골프장에서는 티박스 앞에 골퍼들의 안전사고 예방 및 답압 방지를 위한 안내판을 설치해 두고 있다. 안내판은 티박스에 여러 명이 한꺼번에 올라가지 않도록 권고한다.

답압은 잔디밭에서도 매우 중요한 용어 중 하나이다. 잔디밭에서 답압은 사람 또는 장비에 의해 가해지는 압력을 말한다. 답압은 영명으로는 Traffic, 우리말로는 통행(通行)으로 번역한다. 사람이나 장비, 차량이 이동(통행)하면서 잔디밭에 압력과 상해를 주기 때문이다. 그러면 그 답압(또는 통행)이 잔디밭에 어떤 영향을 미치는 것일까? 답압이 있는 잔디밭에서는 잔디의 지상부가 손상을 받는 마모(磨耗)가 유발된다. 마모는 사람이나 장비에 의한 답압이 잔디밭에 반복적으로 가해져서 누적되면 잔디의 잎과 줄기가 부러지거나 찢어지는 현상이다. 골프장이나 운동경기장에서 스파이크가 달린 신발을 신은 이용자들은 잔디를 더욱 심하게 손상시킬 수 있다. 그러한 손상은 잔디 자체에 큰 피해를 줄 수 있지만, 상처를 통해서 병원균 침입도 가능하다. 병 발생에 원인이 될 수 있다는 뜻이다.

　잔디 종류에 따라서 마모 저항성은 크게 다르다. 난지형 잔디인 들잔디와 금잔디는 마모에 강한 잔디 종이다. 이들 조직에는 마모에 강한 셀룰로 즈와 리그닌 함량이 높다. 반면에 한지형 잔디인 켄터키 블루그래스나 크리핑 벤트그래스는 그들에 비해 상대적으로 마모에 약한 편이다. 잔디의 상태에 따라서도 차이가 난다. 잔디가 어린 상태거나 수분함량이 높으면 마모에 약하다. 그래서 그늘에서 자란 잔디는 답압 피해를 입기 쉽고 피해도 심하다. 건조한 여름철보다 이른 아침에 이슬이 있는 상태의 잔디나 잔디가 얼 수 있는 겨울철에는 마모에 의한 손상을 받기 쉽다. 예초 높이도 중요해서 예고가 낮으면 마모에 약하다. 잎과 줄기가 짧으면 답압에 대한 완충력이 낮아지기 때문이다. 따라서 잔디밭에서 잔디 종류를 바꿀수 없다면 마모에 강하도록 관리하는 것이 중요하다. 많은 골프장에서 티박스에 인조매트를 설치해서 운영하는 것도 답압 피해를 심각하게 여기기 때문이다(그림 3-7).

　답압이 지속되는 잔디밭은 어떻게 될까? 토양이 단단해지는 증상인 고결(固結)이 나타난다. 고결의 진행 과정을 보자. 사람이나 장비에 의해 잔디밭 답압이 지속되면 토양 속 작은 입자들은 서로 부딪히면서 깨지기 때문에 더 작은 알갱이가 된다. 그 입자들이 더욱 조밀하게 밀착되면서 토양은 더욱 단단해진다. 그 현상이 고결이다. 고결화된 토양은 어떤 상태일까? 일단 토양 속 빈 공간인 공극이 줄어든다. 토양 속에서 입자와 입자 사이의 공간이 줄어든다는 의미이다. 그러면 산소를 포함한 기체의 양이 줄어들고 이동이 제한된다. 또한 토양 속 공극이 적으니 물을 주거나

그림 3-7 티박스에 있는 인조매트는 잔디의 답압 피해를 줄일 수 있는 현실적인 대안이다. 인조 매트는 생육기(위쪽 사진)와 휴면기(아래쪽 사진) 모두 잔디의 답압 피해를 줄이는데 큰 도움이 된다.

비가 왔을 때 배수가 원활하게 되지 않는다.

그러면 고결화된 토양에서는 잔디에 어떤 일이 생길까? 고결은 잔디 뿌리가 있는 토양 속 5~8㎝ 사이에서 심하다. 이 깊이에는 잔디 뿌리가 있고 그 주변에 많은 호기성 미생물이 살고 있다. 고결화된 토양은 공극이 적어 산소가 부족하고 물빠짐이 좋지 않기 때문에 그들에게 부정적인 영향을 끼친다. 산소가 적은 환경에서는 잔디의 뿌리와 호기성 미생물들의 호흡이 어려워지기 때문이다. 잔디 뿌리는 자연스럽게 산소가 풍부한 지표면으로 향한다. 그래서 잔디는 뿌리 깊이가 얕아지는 친근화(淺近化) 현상이 발생한다. 토양은 심토보다 표토(지표면)에 가까울수록 증발이 많아진다. 따라서 잔디의 뿌리가 얕아지면 건조에도 매우 취약해지고 잎과 줄기의 생육도 나빠진다. 생육이 부진한 잔디는 광합성량이 적어지기 때문에 탄수화물 생산에도 차질이 생긴다. 따라서 잔디밭은 비료와 물이 자주 필요하게 되지만, 토양상태가 불량해 물과 비료의 흡수능력도 떨어지게 된다. 이때 잔디는 병충해에 대한 저항성이 급격하게 낮아지고, 잡초와의 경쟁에서도 당연히 불리해진다. 잔디가 손상되면 회복력도 떨어진다. 결국 잔디밭 전체의 품질은 전체적으로 나빠지게 된다.

골퍼들이 티박스에 여러 명 올라가는 문제는 골프장 내 부서 간에도 늘 논쟁의 대상이다. 골프장 잔디의 건강을 책임지는 코스관리팀은 티박스 답압 방지를 위해 늘 주의를 기울이며 노심초사한다. 때로는 캐디가 소속된 경기운영팀에 고객들이 한 명씩 차례대로 올라가도록 주문하기도 한다. 하지만 경기운영팀에서는 고객 통제의 어려움을 설명하며 코스관리팀의 이해를 구한다. 결국 골퍼들의 자율적인 에티켓 준수가 필요하다. 티

샷을 위한 빈 스윙은 티박스 밑에서 하는 것이 바람직하다. 동반자의 안전사고를 예방하고 잔디의 건강에도 좋기 때문이다.

용어 알아보기

· 리그닌(Lignin): 목재, 대나무, 짚 등 목질화된 식물체 속에 20~30% 존재하는 방향족 고분자 화합물이다. 섬유소 등과 결합하여 존재하고, 세포 사이를 붙여 단단하게 한다.
· 셀룰로즈(Cellulose): 수많은 포도당으로 이루어진 다당류 중 하나이다. 식물 세포막의 주요 성분이다.
· 탄수화물(炭水化物): 탄소와 물분자로 이루어진 유기 화합물이다. 생물체의 에너지원이나 구성 물질로서 매우 중요한 역할을 한다. 포도당, 과당, 녹말 등이 있다. 잔디를 포함한 식물은 광합성 과정을 통해 포도당을 생산한다.
· 호기성 미생물(好氣性微生物 Aerobe): 산소가 존재하는 조건 하에서 자라는 미생물이다. 일반적으로 사상균과 방선균 및 조류 등이 있다. 산소가 없는 조건에서 자라는 미생물은 혐기성 미생물이다.

골퍼를 위한 TIP!

▶ 홀마다 티잉 그라운드가 여러 개 있는 이유는?

홀마다 티잉 그라운드가 여러 개 있는 이유는 초보자나 비거리가 적은 사람들을 위해서 거리를 달리하여 공평한 플레이를 하기 위함이다. 티의 이름은 티 마커(Tee marker)의 색에 따라 블랙 티(Black tee), 블루 티(Blue tee), 화이트 티(White tee), 레드 티(Red tee)로 불린다. 블랙티는 맨 뒤에 있어서 챔피언십 티(Championship tee), 화이트 티는 레귤러 티(Regular tee), 레드는 레이디 티(Lady tee)로도 불린다. 보통 블랙 티는 프로 선수들이 이용하고 레이디 티는 여성들이 티샷을 하는 지점이다. 고령자나 어린이가 이용하기도 한다. 티 마커는 골프장 특성을 나타내거나 기업주의 기호를 반영한 조형물로 설치하는 경우도 많다.

잔디밭 정원에서 아이들이 노는 놀이기구는 잔디 생육기(봄~가을)동안 2주에 한번 정도 자리를 옮기는 것이 좋다. 그 부분에 답압이 심해지면 잔디에 피해가 생길 수 있기 때문이다. 또 놀이기구 밑이 햇빛을 받지 못해 잔디가 약해지거나 죽을 수 있다. 하지만 답압이 필요할 때도 있다. 3월 경에 봄가뭄이 시작되기 전 오후쯤에 잔디밭을 골고루 밟아주면 좋다. 겨우내 들뜬 잔디 뿌리가 토양에 밀착돼서 물과 양분의 흡수가 원활해지기 때문이다.

5. 잔디밭에 수리지 표시는 왜 할까?

본문 미리보기

골프장에서 수리지는 골퍼의 안전이나 코스 관리에 필요하다고 코스관리자가 판단해서 표시한 비정상적인 지점이다. 보통 파란 말뚝이나 흰 선으로 표시되어 있다. 수리지 명칭이 표시된 깃발을 꽂기도 한다. 골프공이 수리지에 들어가면 벌타없이 구제받을 수 있다. 수리지에서 가장 가까운 지점을 정하고 그 지점으로부터 1클럽 길이 이내로 구제지점보다 홀에 더 가깝지 않은 곳에 공을 드롭한다. 수리지 말뚝이 어드레스에 방해받는다면 말뚝을 뽑고 쳐도 되고 가까운 지점에 드롭하고 쳐도 벌타는 없다.

골프장에서 라운드를 하다 보면 어디서든 깃발을 만날 수 있다. 깃발에는 작은 글씨가 있다. 수리지. 일반 백과사전에는 없는 단어이지만 잔디 용어 사전과 골프 용어 사전에서 그 의미를 찾을 수 있다. 수리지(修理地, Ground under repair)는 골프장 내에서 주로 질퍽거리는 곳에 파란 말뚝을 박거나 지면에 흰색으로 그 부분을 둘러놓아 표시하는 지역을 말한다(그림 3-8). 영어 사전에서 "repair"는 "수리 작업" 또는 "수선하는 부분"을 의미한다. 종합하면 "수리 중에 있는 잔디밭"쯤 된다.

골프 용어사전을 보면 "수리지를 경계하는 말뚝이나 선(또는 줄) 그리고 잔디 예지물이 쌓인 곳은 자동적으로 수리지에 포함된다"고 기술되어 있다. 이 내용을 해석하면 골프장 코스관리자가 작업 중에 골퍼의 안전이나 코스관리에 필요하다고 판단하면 수리지 표시를 할 수 있다는 의미이다.

그림 3-8 수리지 깃발(왼쪽 사진)과 퍼팅그린의 잔디 보식을 위해 떼장을 쌓아놓은 장면(오른쪽 사진). 잔디 보식과 같이 코스 내에 작업이 이루어진 지점에는 수리지 깃발을 꽂아서 안전사고를 예방하고 경기의 흐름을 원활하게 한다.

수리지는 "골퍼의 안전에 위협이 되거나 플레이를 방해하면 안 되는 지점"이라는 뜻이기도 하다. 따라서 골퍼가 친 공이 수리지에 들어가면 벌타 없이 그 경계선 밖의 한 클럽 길이 내에서 드롭(Drop)하는 규칙을 적용하는 것이 일반적이다.

하지만 골프장에는 사전에서 언급하지 않은 수리지가 많다. 잔디가 생물체이기 때문에 다양한 원인에 의해 훼손되는 일이 잦기 때문이다. 따라서 잔디 상태에 따라 수리지 표시 기간은 크게 차이가 날 수 있다. 몇 시간부터 몇 개월까지 다양하다. 예를 들어, 잔디가 잘 자라는 시기에 예초를 하면 깎인 잎과 줄기(예지물)가 많이 발생한다(그림 3-9). 러프처럼 예초를 자주 하지 않는 곳에서도 그렇다. 예지물은 보통 한 곳에 모았다가 폐기처분시키거나 발효시켜 비료로 만들어서 재활용한다. 또는 조경공간에 피복재료로 활용하기도 한다. 그래서 코스를 관리하는 직원은 골프 경기에 집중하고 있는 고객들이 피해를 보지 않도록 예지물 쌓은 곳을 수리지로 지정한 후 나중에 가져갈 수 있다. 이런 경우에는 몇 시간이면 충분하다.

그림 3-9 페어웨이 예초작업 중에는 예지물이 많이 생기기 때문에 한꺼번에 치우기 위해 임시로 모아두기도 한다(위쪽 사진). 예초기의 예지물 통 속에 가득 차 있는 예지물(아래쪽 사진). 잔디가 잘 자라는 시기에는 예지물통이 금방 가득 차기 때문에 자주 비워야 한다.

수리지 표시를 오랫동안 해야 하는 경우도 있다. 예를 들어 잔디밭의 물 빠짐이 좋지 않거나 잔디가 물리적 피해 또는 병해충잡초에 의해 큰 피해를 받았을 수 있는 경우이다. 잔디관리자가 원하는 시간 내에 잔디 자체적으로 회복이 불가능하다고 판단하면, 기존 잔디를 제거하고 건강한 잔디로 교체해야 한다. 새로 교체한 잔디는 새로운 뿌리가 나와 토양에 적응하는 시간이 필요하다. 이때 코스관리자는 교체된 잔디가 있는 구역이 골프장 구성원이나 내장객들로부터 격리가 필요하다고 판단하면 주변에 말뚝을 박고 줄로 경계를 지어 놓는다.

수리지 표시는 TV 골프 중계에서도 가끔 볼 수 있다. 경기진행요원이 봤을 때 잔디 상태가 좋지 않아 경기 운영에 큰 장해가 된다고 판단하면 수리지로 표시한다. 어쨌든 수리지 표시가 있으면 골퍼에게 불편하다. 코스에 깃발이 적으면 적을수록 좋은 골프장이라고 해도 크게 틀린 말은 아니다. 그만큼 잔디 상태를 잘 유지하고 있다는 의미이기 때문이다. 하지만 어쩔 수 없는 경우도 있다. 코스에서 갑작스런 재해나 내장객의 부주의로 수리지역이 발생할 수도 있기 때문이다. 때로는 내장객이 너무 많아 잔디가 버텨내지 못하는 경우도 있다. 결국 수리지는 비정상적인 코스상태이지만 안전골프를 위해서 골퍼에게 꼭 필요한 표시라 할 수 있다.

- 벌타(罰打): 골프에서 반칙이나 부정행위 따위에 대한 벌로 받는 타수를 의미한다. 선수가 친 타수의 총합계에 벌로 받은 타수를 더한다.
- 예지물(刈芝物, Grass clippings): 잔디를 깎을 때 발생한 잘린 잔디의 잎과 줄기를 말한다. 예지물은 잔디밭에 그대로 두면 잎의 광합성을 방해하거나 대취층을 더 두껍게 하는 등 잔디의 생육에 좋지 않기 때문에 깎는 즉시 제거하는 것이 바람직하다.
- 진행 요원(進行要員): 행사나 경기 따위가 매끄럽게 치러지도록 돕는 일을 맡은 사람을 말한다.

골퍼를 위한 TIP!

▶ 공이 수리지에 들어갔다면?

수리지는 비정상적인 코스상태이다. 보통 파란 말뚝이나 흰 선으로 표시되어 있다. 공이 수리지에 들어가면 벌타 없이 구제받을 수 있다. 가장 가까운 지점을 정하고 그 지점으로부터 1클럽 길이 이내로 구제지점보다 홀에 더 가깝지 않은 곳에 공을 드롭한다. 수리지 말뚝이 어드레스에 방해받는다면 말뚝을 뽑고 쳐도 되고 가까운 지점에 드롭하고 쳐도 벌타는 없다.

가드너를 위한 TIP!

정원 잔디밭에서 수리지를 표시할 일은 거의 없다. 하지만 꼭 필요할 때도 있다. 화학농약이나 화학비료를 뿌린 후에 수리지를 표시하면 좋다. 수리지라는 표현이 아니어도 좋다. 아이들이나 방문하는 이웃들이 알아볼 수 있도록 표시하면 된다. 농약이나 비료를 뿌린 후 하루 정도 후부터는 잔디밭을 사용해도 괜찮다. 잔디밭을 사용하기 전에 스프링 클러로 잔디 잎에 묻은 농약이나 비료 가루를 씻어주면 보다 안전하다.

6. 골프장에 억새가 많아지는 이유는?

본문 미리보기

골프장에서 잔디가 있는 지점은 관리지역, 그 외의 지역은 비관리지역으로 구분한다. 골프장에서 비관리지역이 늘어나는 것은 관리 비용이 줄어든다는 것을 의미한다. 잔디 관리에 필요한 물, 비료, 농약 등의 사용이 줄어들기 때문이다. 골프장 사이에 경쟁이 치열해지면서 비용절감을 위해 많은 노력을 기울이고 있다. 비관리지역을 늘리는 것은 그런 노력의 일환이다. 철쭉과 억새를 심어서 잔디 면적을 줄이기도 하고, 경우에 따라 페어웨이에서 잔디관리 노력이 덜한 러프 지역을 늘리기도 한다. 비관리지역이 늘어나는 것은 비용 절감과 환경 부담을 줄일 수 있는 매우 현실적인 방법이다. 골퍼의 입장에서는 비관리지역이 늘어나면 골프장의 경관이 더 좋아지는 장점이 있지만, 때로는 단점도 생긴다. 코스의 폭이 좁아지면 예전보다 어려운 코스로 변할 수 있다.

골프장에 가 보면 잔디 면적이 줄면서 카트 도로가 넓어졌거나 억새밭이 조성되고 철쭉 화단이 늘어난 것을 볼 수 있다. 편하고 아름답다고 느낄만하지만 이러한 변화에는 골프장 측에서 계획한 고도의 계산이 숨겨져 있다. 티샷을 하는 골퍼에게 페어웨이 폭이 넓으면 넓을수록 좋다. 혹이 나거나 슬라이스가 나도 오비가 될 확률이 적어지기 때문이다. 페어웨이 폭이 넓거나 좁은 것은 골프장이나 직원 그리고 골퍼의 입장에 따라 손익 계산이 다르다. 왜 그럴까?

우리나라 18홀 골프장의 평균 면적인 27만 평 중에 약 10만 평 정도는 잔디가 식재되어 있다. 나머지는 숲, 조경수, 카트 도로, 연못, 클럽하우스, 주차장 등으로 구성되어 있다. 18홀 골프장 코스관리팀의 인적 구성을 보면 조경 담당은 1~2명, 장비 담당은 1~2명, 그리고 나머지 10명 내외의 직원은 잔디(코스)관리 담당이다. 그 정도로 잔디 관리의 비중이 크다. 투입인력이 많다는 것은 골프장에서 잔디의 품질을 그만큼 중요하게 여기고 있다는 것을 의미한다. 그래서 골프장에서 잔디가 있는 지점은 관리지역, 그 외의 지역은 비관리지역이라고 구분한다. 직원들의 노력과 비용 투입도 비관리지역에 비해 관리지역이 월등히 높다.

농약 사용량도 당연히 관리지역이 비관리지역보다 훨씬 높다. 예를 들어, 잔디가 있는 퍼팅그린에서 병이 발생하면 골퍼들은 불편하고 보기에 좋지 않다. 병 증상을 빨리 치료하는 데는 농약만한 것이 없다. 그러니 다른 치료 방법보다 농약이 우선이다. 페어웨이가 너무 넓으면 골프장 코스관리팀 직원에게는 부담스럽다. 코스관리팀 인력이 적은 골프장에서는 더욱 그렇다. 잔디관리에 시간과 노력이 더 필요하기 때문이다. 그래서 페어웨이를 좁혀서 비관리지역을 늘리면 관리 노력을 줄이는 데 도움이 된다. 티잉 그라운드도 마찬가지다. 티박스 주변에 억새나 관목을 줄지어 심어서 미관을 좋게 하면서 잔디관리 면적을 줄이기도 한다(그림 3-10). 골프장 입장에서도 비관리지역의 면적이 늘어나면 소요 예산이 줄어들기 때문에 환영할만하다. 물, 농약, 비료 등의 사용이 적어지기 때문이다. 이런 변화는 환경과 생태계에 좋다. 동식물과 미생물 서식처가 더 다양해지고 많아진다. 그렇지만 낮은 스코어를 바라는 골퍼에게는 어떨까? 골프장 관리 면적이 줄어들면 코스가 까다로워지는 것을 의미하기 때문에 유쾌한 변화는 아닐 수도 있다.

그림 3-10 티잉 그라운드 앞 억새. 잔디보다 관리 노력이 덜 들어가서 인력과 예산 절감에 도움이 된다. 골퍼에게는 티샷을 할 때 페어웨이 폭이 좁아 보이거나 장애물로 인식될 수 있어서 심리적인 압박으로 작용할 수 있다. 잔디를 억새로 대체하면 농약이 덜 사용되기 때문에 생태계에는 더 좋다.

최근에는 골프장 비관리지역이 늘어나는 추세에 있다. 골프장은 비용 절감을 점점 강조하고 있고 첨단장비 도입이 많아지면서 코스 관리 인력 감소로 이어지고 있다. 그렇다고 터무니없이 비관리지역을 늘릴 수는 없다. 많은 골퍼들은 좁은 퍼팅그린이나 페어웨이를 싫어하기 때문이다. 그럼에도 불구하고 골프장은 앞으로도 골퍼에게 불편을 주지 않는 지역 위주로 비관리 지점을 더 찾아내면서 면적을 늘릴 것으로 예상된다. 이러한 변화는 환경 부담은 줄이고 생태계에는 좋은 일이니 바람직한 방향이라 할 수 있다.

· 슬라이스(Slice): 우타자(右打者)일 경우 볼이 직선 대비 오른쪽으로 휘는 현상을 말한다.
· 오비(OB): 골프에서 경기가 허용되지 않는 코스 밖의 지역을 말한다. 골퍼가 친 공이 오비지역으로 가면 2벌타를 받는다.
· 해저드(Hazard): 골프에서 코스 안에 설치한 모래밭, 연못, 웅덩이 따위의 장애물을 말한다.
· 훅(Hook): 우타자(右打者)일 경우 공이 공략선보다 왼쪽으로 휘는 것을 말한다.

■ 골퍼를 위한 TIP! ■

▶ 갈대와 억새의 차이는?

갈대*Phragmites communis*와 억새*Miscanthus sinensis*는 화본과에 속하며 다년생식물이다. 형태적으로 매우 비슷해서 혼동하기 쉽지만 차이점도 있다. 갈대는 반수생 식물이어서 물가에서 흔히 볼 수 있는 반면에 억새는 건조한 환경에 강하여 산에서 주로 보게 된다. 갈대는 식물체 높이와 줄기·잎의 크기가 억새에 비해 모두 크다. 억새는 꽃이 줄기 끝에서 여러 다발이 동시에 나와서 부채꼴로 벌어지는 데 비해 갈대는 꽃이 줄기 중간중간에서 나뭇가지처럼 뻗어 나온다. 억새는 9월 말에 은빛 꽃이 피지만, 갈대는 10월에 보랏빛을 띤 연갈색 꽃을 핀다.

■ 가드너를 위한 TIP! ■

지역에 따라 다르긴 하지만 일반적으로 들잔디로 만든 정원 잔디밭은 4월부터 9월까지 예초를 해야 한다. 이중 5월부터 8월까지는 2주 간격으로 예초해 주면 좋다. 나머지 4월과 9월은 월 1회 예초로 충분하다. 켄터키 블루그래스 잔디밭은 3월부터 11월까지 예초를 해야 한다. 3월과 11월에는 월 2회 이상의 예초가 필요하다. 4월부터 10월까지는 적어도 주 1회 예초는 해야 한다. 그럼 잔디밭 정원으로는 어느 정도의 면적이 적당할까? 만약 동력으로 작동하는 자주식 예초기를 사용해서 잔디밭을 관리한다고 치자. 주말에 예초를 담당하는 아빠가 예초, 예지물 정리, 장비 청소 등에 1시간 정도의 시간이 걸린다면 적당한 면적이라 할 수 있다. 그 이상의 시간이 필요하다면 잔디밭 가장자리 위주로 비관리면적을 늘리는 것이 좋다.

7. 골프장 그린과 프로골프대회 그린이 다른 이유는?

본문 미리보기

프로골프대회 잔디는 골프장 코스관리팀장이 심혈을 기울여서 만드는 작품이다. 대회에 참가하는 골퍼들도 TV 인터뷰에서 잔디에 대해서 평가하는 것을 가끔 볼 수 있다. 골프장에서는 대회 준비를 하면서 잔디 품질을 높이기 위해 온갖 노력을 아끼지 않는다. 따라서 잔디 품질 수준은 골프장 코스관리팀장의 얼굴이라고 해도 과언이 아니다. 그래서 외국 프로골프대회를 중계하는 화면에서는 대회 시작 전에 골프 코스 설계자와 코스를 준비한 코스관리팀장을 소개한다. 프로골프대회를 준비하는 골프장의 코스관리팀은 모든 홀의 그린스피드를 최대한 균일하고 빠르게 한다. 그래야 선수들 사이에 변별력이 생기기 때문이다. 하지만 대회를 열지 않을 때의 골프장 잔디 품질 수준은 골프장 운영전략과 직결된다. 잔디 품질 수준보다 영업이익이 우선하는 골프장이라면 잔디 품질 수준은 일반적으로 높지 않다. 그렇지 않고 관리비용을 아끼지 않는 골프장이라면 대회 개최와 관계 없이 잔디 품질이 높을 수밖에 없다. 그럼에도 프로골프대회가 열리는 골프장을 방문하면 일반적으로 최고 수준의 잔디 품질을 볼 수 있다.

우리나라 높이뛰기 선수인 우상혁 선수는 미국 오리건주에서 열린 2022년 세계육상선수권대회 남자 높이뛰기 경기에서 2m 35㎝를 넘어 은메달을 땄다. 한국 선수가 세계 선수권대회에서 기록한 최고 성적이라는 보도다. 그가 높이뛰기 하는 장면을 보면 한없이 가벼워 보이고 매우 날렵하다. 몸에 군더더기가 없어 보인다. 어떻게 하면 그처럼 몸을 가볍고 단단하게 만들 수 있을까? 우상혁 선수는 그 비결이 식단관리라고 공개한다.

우상혁 선수처럼 잔디에서도 식단 조절이 필요할 때가 있다. 골프대회

때의 잔디가 그렇다(그림 3-11). 골프대회를 앞두고 있는 퍼팅그린은 우상
혁 선수와 비슷한 입장이다. 퍼팅그린은 볼이 구를 때 나오는 그린스피드
가 생명이다. 선수들은 빠르고 예측 가능한 그린 상태를 원한다. 그러려
면 그린 잔디 잎은 평소보다 길이가 훨씬 짧고 너비가 좁아야 한다. 사람
이 다이어트를 단기간에 급히 하면 문제가 생기는 경우가 많듯이 퍼팅그
린도 그렇다. 잎의 높이를 한 번에 급격히 낮추지 않는다. 잎이 낮은 높이
에 조금씩 적응해야 하기 때문이다. 대회를 앞두고 서서히 예고를 낮추면
서 그린스피드를 점차 높여간다. 대회 전부터 끝날 때까지 그런 조건에
맞는 식단 조절이 실시된다.

보통 대회 10일 전후부터 질소 성분 비료는 시비하지 않거나 아주 적은
양만 준다. 질소가 잔디 잎을 잘 자라게 하기 때문이다. 대회가 열리면 선
수들, 갤러리, 장비가 잔디를 자주 밟는다. 잔디는 평소보다 답압 스트레

그림 3-11 어느 골프대회에서의 갤러리 모습. 갤러리들은 프로 선수들의 우수한 경기력을 볼 수
있고, 멋지게 준비된 잔디를 보는 것도 대회에서만 누릴 수 있는 특권이다.

가을秋

그림 3-12 그날의 기상환경과 퍼팅그린스피드를 표시하는 골프장 안내판. 골퍼들은 안내판을 보고 퍼팅그린의 조건을 예상할 수 있다.

스를 더 받을 수밖에 없다. 그래서 그 상황에 맞는 식사를 해야 한다. 무거운 무게에 잘 견디고 잔디의 잎이 잘 서고 탄력이 생기도록 규산 및 칼슘 비료를 시비한다. 그런 조건에서는 공이 구를 때의 스피드(그린스피드)도 좋다(그림 3-12). 다이어트에서 물도 중요하듯 잔디에게도 물은 대회기간 중에 무한정 공급되지 않는다. 잔디가 물을 많이 흡수하면 잎이 연해지고 잘 자라기 때문이다. 그래서 잔디에게는 대회 전부터 수분 조절도 동반된다.

그럼 대회가 끝난 뒤에 잔디는 괜찮을까? 당연히 사람의 요요현상처럼 후유증이 있다. 대회기간 중 낮아진 예고는 후유증의 주요 원인이다. 예고가 낮아진 만큼 엽 면적이 줄어들고 광합성을 통해 만들어낼 탄수화물 양도 줄어든다. 그래서 대회기간 중에 뿌리 길이도 짧아진 잎 길이만큼 짧아진다. 따라서 잎의 탄수화물 생산량이 적어졌기 때문에 저장할 수 있는 탄수화물 양도 줄어든다. 잔디는 양분이 더 필요하면 뿌리에 저장했던 탄수화물을 사용하게 된다. 저장 양분을 쓸 지경이니 새로운 잎, 줄기, 뿌

골프와 가드너를 위한 잔디밭 사계

리는 만들 여력이 없다. 그러니 잔디가 받는 스트레스는 대회가 끝날 즈음에 정점을 찍는다. 사람에 비유하자면 잔디는 지쳐서 쓰러질 정도의 탈진 상태가 된다.

대회가 끝나면 잔디의 회복은 대회 전과 반대로 예고를 조금씩 올리면서 시작된다. 잔디에게 주는 비료의 양도 조금씩 늘린다. 마치 군대에서 소총 분해 조립과 비슷하다. 소총은 분해했던 순서와 반대로 조립한다. 갑작스럽게 식사량을 늘리면 탈진 상태의 잔디는 양분을 흡수하고 소화할 능력이 부족하기 때문에 정말 탈이 날 수 있기 때문이다. 그래서 대회 준비와 진행을 위해 고생이 많았던 잔디는 조심스럽게 천천히 회복을 시켜야 한다. 하지만 대회가 끝나고 난 뒤에 회복할 틈도 없이 내장객들이 몰려든다면 어떨까? 대회 기간 중에 부족해진 양분, 그리고 사람과 장비의 답압에 의해 잔디가 약해진 상태이기 때문에 큰 피해를 입을 수 있다. 대회 후유증으로부터 잔디의 회복은 대회 준비 기간만큼의 시간이 필요하다.

· 요요 현상(Yo-yo effect): 요요 다이어트(Yo-yo dieting) 또는 웨이트 사이클링(Weight cycling)이라고 한다. 다이어트를 하면서 체중이 줄었다가 다시 늘어나는 것을 반복하는 현상이다. 장남감인 요요가 위아래로 계속 왔다 갔다 하는 것에서 유래한 단어이다.

▶ 골프장 갤러리(Gallery)의 어원

축구나 야구와 같은 경기에서 입장객은 관중이라 부른다. 골프에서는 갤러리라고 한다. 갤러리는 미술품을 전시하고 판매하는 미술관이나 화랑을 의미한다. 갤러리는 이스라엘의 지명인 갈릴리(Galilee)에서 유래되었다고 전해진다. 갤러리는 과거 극장의 꼭대기층을 지칭했고 그곳에서 공연을 보던 청중들을 가리켰다. 골프대회를 보는 것이 미술관에서 작품을 감상할 때 로프 바깥에서 관람하는 것이 비슷하다고 해서 붙여진 이름이라고 알려진다. 실제로 골프대회에서는 갤러리가 선수들에게 다가갈 수 없도록 로프를 설치하고 로프 밖에서 경기를 보도록 되어 있다.

잔디밭 정원에서는 속효성보다 완효성 비료를 계절별로 나누어서 시비하는 것이 좋다. 들잔디 정원에서는 질소시비량으로 연간 5~15 g/㎡ 정도가 적당하고, 봄 35%, 여름 50~55%, 가을 10~15%, 겨울 0%의 비율로 시비한다. 켄터키 블루그래스 정원에서는 질소시비량으로 연간 15~25 g/㎡ 정도가 적당하다. 켄터키 블루그래스는 봄에 잘 자라므로 봄 60%, 여름 20%, 가을 20%, 겨울 0%의 비율로 시비하도록 한다. 하지만 토양에 따라서 조절이 필요하다. 모래 토양보다 점토가 많은 토양에 비료르 더 줘야 한다.

8. 그린스피드를 측정하는 방법은?

본문 미리보기

골프장에서 18홀 퍼팅그린의 그린스피드가 일정한 것은 매우 중요하다. 그래야 골퍼들 사이의 경쟁이 공정하기 때문이다. 골프장 고객들은 그린스피드를 측정하기 시작한 이래로 지금까지 점점 빠른 그린스피드를 원하고 있다. 하지만 그린스피드가 빨라질수록 잔디의 생존에는 매우 부정적인 영향을 미친다. 잔디의 예고가 낮아지면서 잎이 짧아지기 때문이다. 잎이 짧아지는 것은 광합성 능력의 감소를 의미한다. 따라서 골프장은 빠른 그린스피드를 원하는 고객(골퍼)의 요구에 맞추는 것이 맞지만, 그들이 원하는 만큼의 그린스피드를 늘 만들 수는 없다. 지속적으로 좋은 품질의 퍼팅그린을 유지하기 위해서는 잔디의 스트레스 관리도 고려해야 하기 때문이다.

골프장에서 퍼팅은 중요하다. 스코틀랜드 속담에 '드라이버는 쇼, 퍼팅은 돈'이란 격언이 있다. 퍼팅은 드라이버보다 화려함과 호쾌함은 떨어져도 전략적으로 중요하고 신중해야 한다는 뜻이다. 그린스피드는 골프장 퍼팅그린에서 골프공의 빠르기를 말한다. 골퍼가 퍼팅그린 위에서 일정한 힘으로 퍼팅을 했을 때 볼이 굴러갈 수 있는 거리를 가정해서 수치화한 것이다. 사람이 골프공을 쳐서 그 거리를 재면 사람에 따라서 또는 치는 조건에 따라서 다를 수 있기 때문에 장비를 이용해서 그 거리를 측정한다. 그 측정 장비가 바로 스팀프미터(Stimpmeter)이다.

그럼 그린스피드는 장비를 이용해서 측정할 만큼 중요할까? 골퍼들은 골프 경기를 할 때 18홀 전체의 퍼팅그린 조건이 일정하기를 원한다. 그린스피드가 어느 홀은 빠르고, 어느 홀은 느릴 경우 자신의 실력대로 플레이하기 힘들다. 퍼팅그린 조건에 영향을 미칠 수 있는 변수가 너무 많기 때문이다. 그래서 퍼팅그린 표면의 조건만이라도 일정하게 유지하자는 취지이다. 그럴 때 필요한 기준이 그린스피드이다. 18홀 퍼팅그린의 그린스피드 차이가 적으면 적을수록 골퍼는 자신의 감각대로 안정적인 플레이가 가능하다.

세계 최고의 실력을 갖춘 선수들이 참여한 골프대회를 상상해 보자. 그린을 너무 빠르게 하면 퍼팅이 어렵기 때문에 참여 선수 간에 변별력을 기대하기 어렵다. 선수들이 타수를 잃기 싫어서 너무 소극적인 플레이를 한다면 어떨까? 그 장면을 보는 갤러리나 시청자들은 골프 경기에 흥미를 잃을 것이다. 그린이 너무 느리면 정상급 선수들이 펼치는 정교한 퍼팅의 차이가 드러나지 않아 역시 재미가 반감된다. 따라서 퍼팅그린에서 적당한 그린스피드를 유지하는 것은 골프에 소요되는 시간을 줄이고 경기의 박진감을 유지하는 데 매우 필요하다. 그래서 프로선수들이 출전하는 골프대회에서는 비슷한 그린스피드 유지를 위해 하루에도 여러 번 예초를 실시하기도 한다. 잔디는 시간이 지나면서 조금씩 다시 자라기 때문이다.

그린스피드 측정 장비인 스팀프미터는 1936년 미국인인 에드워드 스팀프슨(Edward S.Stimpson)에 의해 만들어졌다. 그는 1935년 U.S 오픈에 갤러리로 갔다가 전설적인 골퍼 진 사라센(Gene Sarazen)의 퍼팅이 홀컵을 멀리 벗어나는 것을 보게 된다. 그때 그는 그린의 빠르기가 궁금해져서 스팀프미터를 고안했다고 전해진다. 스팀프미터는 1978년에 미국골프협회(USGA)에 의해 그린스피드 측정 장비로 공식 지정되어 지금까지도 골프대회는 물론 골프장에서 퍼팅그린의 공 빠르기를 측정하는데 이용되고 있다(그림 3-13).

그림 3-13 그린스피드를 측정하는데 필요한 스팀프미터와 골프공(왼쪽 사진). 퍼팅그린에서 그린스피드를 측정하는 것은 단순한 과정이지만 골퍼들의 공정한 경기를 위해서는 필요한 과정이다(오른쪽 사진).

스팀프미터는 길이 91.4cm, 폭 4.8cm의 막대로 가운데 끝 부분에 홈이 있다. 그린스피드를 측정할 때는 막대 끝을 20도 각도의 기울기로 들어 올린 다음에 밑으로부터 76cm 지점에 있는 'V'자 홈에 공을 올리고 아래로 내려가도록 손에서 볼을 뗀다. 그렇게 3개의 공을 각각 굴린다. 굴러간 공이 있던 자리에서 처음 공을 굴렸던 방향으로 동일한 방법으로 3개의 공을 다시 굴린다. 그리고 나서 다음과 같은 수식에 의해 그린스피드가 계산된다. 3개의 공이 굴러간 거리의 평균을 S_1이라 하고, 반대 방향으로 굴러간 3개 공의 거리의 평균을 S_2라고 한다. 더글라스 브리드(Douglas Brede)의 그린스피드 공식에서는 S_1과 S_2의 값을 아래 식에 넣어 산출한다.

$$그린스피드 = (2 \times S_1 \times S_2)/(S_1 + S_2)$$

S_1, S_2의 평균값이 아닌 위의 식을 사용하는 이유는 그린 표면의 구배를 고려해서이다. 예를 들면, S_1과 S_2의 값 차이가 크게 나는 경우에는 그린 표면 경사가 심해서 나타난 현상이다. 미국골프협회의 그린스피드 기준표를 보자. 일반코스(느림: 1.37m, 보통: 1.98m, 빠름: 2.59m)와 프로골프대회(느림: 1.98m, 보통: 2.59m, 빠름: 3.20m)는 그린스피드의 차이를 두고 있다. 프로골프대회 그린스피드가 빠른 것은 골프대회에 참가하는 선수들의 실력에 변별력을 두고 경기에 박진감을 불어넣기 위함이다. 골프대회 TV 중계방송을 보면 연습그린에서 퍼팅연습을 하는 선수들을 비추곤 한다. 바로 선수들이 그린스피드에 적응하는 장면이다.

대부분의 골프장은 매일 클럽하우스나 첫 홀의 티잉 그라운드 주변에 그린스피드 측정값을 게시한다. 고객들은 코스에 나가기 전에 그날의 그린스피드 값을 보고 상황에 맞는 퍼팅을 하게 된다. 우리나라의 많은 골프장에서는 잔디의 생육이 떨어지는 한여름을 제외하고 보통 2.7m 내외의 그린스피드를 유지하고, 18홀 전체 퍼팅그린의 그린스피드 차이는 보통 15㎝ 내외가 되도록 조건을 만들고 있다. 골프장마다 연습그린이 있어서 고객이 플레이 전에 그린스피드에 적응하도록 하고 있다. 그린스피드에서 중요한 것은 18홀 전체 퍼팅그린 조건을 일정하게 유지하는 것이다. 오전과 오후에 홀컵 위치가 달라졌을 때에도 홀컵 간에 그린스피드 차이가 최소한으로 유지되어야 한다. 홀컵 위치는 그린당 보통 4~5개 지점을 돌아가며 이동하며 홀컵 간에 그린스피드 편차가 20~30㎝ 수준 이하가 되는 것이 바람직하다.

요즘 골퍼들은 빠른 그린을 선호하고 있다. 골프장도 빠른 그린을 만들

골프와 가드너를 위한 잔디밭 사계

기 위한 장비와 잔디 종류(또는 품종)를 도입해서 그들의 요구에 부응하고 있다. 퍼팅그린에서의 너무 빠른 그린스피드는 보통은 예고가 너무 낮다는 것을 의미하므로 잔디의 생존에 큰 위협이 될 수 있다. 잔디 잎이 작아져 광합성 능력이 떨어지기 때문이다. 따라서 잔디를 관리하는 그린키퍼의 입장에서는 빠른 그린스피드와 잔디의 건강을 모두 고려해야 한다. 골프장 퍼팅그린의 그린스피드는 그 골프장의 내장객수, 환경 조건 등 다양한 요인에 따라 조절하는 것이 바람직하다.

골퍼와 가드너가 알면 좋을 잔디관리 상식

그럼 그린스피드를 빠르게 하기 위해서는 잔디를 낮게 자르는 방법 외에는 없는 것일까? 그렇지 않다. 퍼팅그린에서 그린스피드를 높일 수 있는 다양한 방법이 있다. 그 방법을 살펴보자. 봄부터 가을까지 골프장 퍼팅그린 잔디는 매일 깎는다. 예고(예초 높이)가 낮아지면 그린스피드는 증가한다. 예고가 낮을수록 잔디 표면은 더 매끄럽고 균일해져서 공 흐름에 대한 저항력이 줄어들기 때문이다. 골퍼들은 그린스피드 값이 높게 나오는 낮은 예고를 좋아한다. 퍼팅그린의 예고는 지난 40년간 6.35㎜에서 2.54㎜까지 낮아질 정도로 고객의 요구에 골프장이 부응해 변화한 것이다. 하지만 잔디의 입장은 골퍼와 크게 다르다. 잔디는 예고를 낮추면 충격에 대한 완충력이 떨어지기 때문에 답압에 약해진다. 예고를 낮추면 잎면적이 줄어들기 때문에 잔디의 광합성 능력도 떨어진다. 결국 양분의 부족으로 식물체의 뿌리 길이가 짧아져서 건조와 같은 각종 환경 스트레스나 병해충과 같은 생물학적 자극에 대응하는 능력도 떨어진다. 그래서 너

무 낮은 예고는 잔디의 생존과도 직결된다고 할 수 있다. 그렇다면 그린 스피드에 영향을 미치는 요인이 어떤 것이 있을까?

예초 빈도는 그린스피드에 영향을 미치는 주요 요인이다. 예초는 잔디의 지상부를 잘라내는 작업이지만, 새로운 잎과 줄기의 출현과 생장을 촉진한다. 정아우세현상을 타파하기 때문이다. 그래서 예초 빈도가 잦으면 잦을수록 줄기의 출현을 유도하여 지상부 밀도(단위면적당 줄기 수)는 자연스럽게 높아진다. 잔디밭이 빽빽해진다는 뜻이다. 잔디 표면은 자

그림 3-14 어느 골프장에서 고객들의 경기력에 도움을 주고자 그날의 기상 상황, 그린스피드, 그린 예고 등의 정보를 제공하고 있다

주 깎으니 더 매끄러워지고 균일해져서 그린스피드는 자연스럽게 빨라진다. 예초 장비에도 작은 롤러가 장착되어 있기 때문에 빈도가 많을수록 롤링 효과에 의해 표면이 평평해지고 단단해져서 그린스피드를 빠르게 하는 측면도 있다.

잔디의 결(잎과 줄기가 누워있는 방향)도 그린스피드를 좌우하는 요인이다. 보통은 예초 장비가 지나가는 방향으로 잎과 줄기가 눕게 된다. 잎과 줄기가 누운 방향으로 퍼팅을 하면 공이 멀리가고 반대로 하는 경우에는 덜 간다. 누운 방향에 따라서 공구름에 대한 저항의 차이가 존재하기 때

골프와 가드너를 위한 잔디밭 사계

문이다. 외국 연구에 따르면 잔디 표면의 결에 따라 61~76㎝까지 그린스피드의 차이가 나기도 한다. 그래서 골프장에서는 퍼팅그린 잔디 표면의 결 차이를 최소화하려고 노력한다. 날마다 예초 방향을 다르게 하는 것이다. 다양한 장비를 이용해서 누운 잔디를 올리는 방법(브러싱)도 있다.

시비 방법도 그린스피드에 영향을 줄 수 있다. 과한 시비는 잔디를 너무 잘 자라게 만들고 공 구름에 대한 저항을 높여 그린스피드를 줄인다. 너무 적은 시비도 그린스피드에 영향을 미친다. 예를 들어, 질소 시비를 줄이면 잎의 출현이 적고 얇아지면서 잔디의 지상부 밀도는 점점 낮아진다. 이론적으로 지상부 밀도가 어느 정도까지 낮아지면 공 구르기에 대한 잔디의 저항을 감소시켜 그린스피드는 증가한다. 하지만 퍼팅그린 잔디의 지상부 밀도 감소는 답압에 약하게 만들고 잔디 표면에 굴곡이 생기게 하면서 장기적으로는 그린스피드 감소로 이어진다.

그린스피드 향상에 가장 큰 영향을 미치는 것 중 하나가 롤링이다. 롤링은 잔디의 활착을 촉진하거나 그린 표면의 평탄성을 향상시키는 것과 같은 다양한 효과를 위해 1t, 4t, 10t 무게의 롤러로 잔디 표면을 눌러주는 작업을 말한다. 그린 표면이 단단해지니 공은 더 빨리 굴러가는 것이다. 그래서 롤링은 골프대회에서 가장 일반적인 그린스피드 증가 방법이다. 롤링 여부에 따라 12.7~33.0㎝의 그린스피드 차이가 난다는 연구 결과도 있다. 롤링은 그 방법과 횟수에 따라 최소 8시간에서 48시간까지 그린스피드가 유지되는 것으로 것으로 보고된다. 롤링에 대한 효과는 기상 조건이나 잔디의 생장 환경 또는 계절에 따라 크게 다르다. 잔디의 종류에 따라서도 다르다. 예를 들어, 크리핑 벤트그래스의 경우 잘 자라는 봄과 가을이 여름보다 효과가 적다. 봄과 가을에 잎과 줄기가 빨리 자라기 때문이다.

마지막으로 골퍼의 골프화 유형도 그린스피드에 영향을 미칠 수 있다. 골프화 바닥에 박힌 징(스파이크) 디자인과 소재에 따라 차이가 있다. 예를 들어, 예전에 많이 사용했던 금속 징은 모래가 지반인 그린표면에 요철을 만들기 때문에 그린스피드에 직접적인 영향을 미친다. 잔디가 드러나거나 패이게 되면 퍼팅 라이에도 변화가 생길 수 있기 때문이다. 요즘에는 징이 없거나 부드러운 소재로 만들어져 있기 때문에 그 영향이 크게 줄어들었다. 골퍼의 신발은 잔디의 생존과도 관계가 깊다. 잔디밭에 마모를 유발하고 조직에 상처를 유발할 수 있기 때문이다. 상처는 병원균에 감염되는 주요 요인이다.

결론적으로 골프장 퍼팅그린에서 그린스피드는 예초 높이나 빈도, 잔디의 지상부 밀도와 표면의 결, 시비와 관리 방법 등 다양한 요인이 작용한다. 또한 이슬의 존재 여부, 토양 수분, 표면 경도, 그린의 볼 자국 수리 여부나 그 시간의 기상과 내장객의 수준도 그린스피드와 매우 밀접하다. 이러한 요인들은 독립적이지 않고 상호 연관되어 있어서 상황에 따라 복합적으로 작용한다. 특히 그린스피드와 잔디의 생육 상태는 보통 반비례한다. 그린스피드가 빨라지는 조건이라면 잔디의 생육은 악화된다. 만약 어느 골프장에서 골프대회를 개최한다면 빠른 그린스피드가 우선일 것이다. 하지만 대회가 끝나고 일정 기간은 그린 잔디에게 대회 전의 건강을 회복할 수 있는 프로그램을 적용하는 것이 필요하다.

골프와 가드너를 위한 잔디밭 사계

- 고결화(固結化, Cemented): 토양입자가 산화철, 망간, 산화알루미늄 혹은 규소 및 교질물 등에 의하여 화학적으로 응결되어 굳어지는 현상이다. 또한 답압 등 물리적 힘으로 응결되기도 한다.
- 내장객(來場客): 일정한 장소를 찾아온 손님이란 뜻이다. 골프장에서는 골프를 치러 찾아온 손님을 일컫는다.
- 롤링(다짐 작업, Rolling): 잔디의 활착 촉진과 잔디면의 평탄성 향상 등을 위한 작업으로 1t, 4t, 10t 등 무거운 무게의 롤러를 사용해 잔디밭 표면을 눌러준다.
- 클럽하우스(Club house): 골프를 치는 사람들이 옷을 갈아입거나 식사, 목욕, 휴식 따위를 할 수 있도록 골프장 안에 지은 건물을 말한다. 골프클럽이나 컨트리클럽의 메인 건물이다. 대식당, 라커룸, 프로숍 등 골프장의 주요 시설이 들어서 있다.
- 토양경도(土壤硬度, Soil hardness): 토양의 단단한 정도를 말한다.

▶ 텍사스 웨지 상황에서 스프링클러 헤드가 있다면?

공이 그린에 오르지 못하고 프린지(Fringe)에 멈췄다. 프린지는 퍼팅그린의 잔디보다 약간 길고 페어웨이보다 짧은 높이로 깎인 퍼팅그린과 인접한 지점을 말한다. 엣지(Edge), 칼라(Collar), 에이프런(Apron), 프로그 헤어(Frog hair)라고도 부른다. 프린지에서 퍼터로 그린 방향으로 공을 치는 상황을 텍사스 웨지(Texas wedge)라고 한다. 이때 공과 홀컵 사이의 라이에 스프링클러 덮개가 보인다면 어떻게 해야 할까? 스프링클러는 움직일 수 없는 장애물이다. 이럴 때는 구제받지 못하고 그 위로 치거나 웨지를 사용해야 한다.

잔디밭 정원에서 그린스피드를 재는 것은 의미가 없다. 잔디 잎의 길이 때문이다. 대신에 가족 중에 아이들이 있다면, 그들과 함께 축구공으로 수직볼 리바운드와 볼구름 거리를 측정해 보자. 수직볼 리바운드는 지상 2미터 위에서 축구공을 떨어뜨릴 때의 높이이다. FIFA에서 추천하는 높이는 50~90%이다. 즉 2m 높이에서 공을 떨어뜨렸을 때 1.0~1.8m 높이로 튀면 잔디밭 표면의 탄력이 축구를 하기에 적당하다는 의미이다. 아이들과 볼구름 측정도 가능하다. FIFA에서 추천하는 볼 구름 측정 장비(밑변 1m, 높이 1m, 폭 15㎝, 경사각도 45°)와 비슷한 도구를 이용해서 축구공을 굴려보자. 들잔디 정원에서는 보통 5m 내외의 거리가 나오면 공놀이에 적합한 잔디밭 상태이다. 켄터키 블루그래스 잔디 잎은 들잔디보다 잎이 부드럽기 때문에 공에 대한 저항이 약해 리바운드가 더 높고 볼구름도 더 길게 나온다.

겨울 冬

·
·
·
·
·
·

1. 서리가 내렸을 때
   잔디를 밟으면 안되는 이유

본문 미리보기

초겨울이나 늦은 겨울에 골프장 잔디 위에 하얗게 내린 서리를 볼 수 있다. 서리는 본격적인 추위를 알리는 신호이다. 또는 아직 겨울이 끝나지 않았다는 신호이기도 하다. 서리가 내리는 시기에 들잔디와 같은 난지형 잔디는 겨울 준비가 거의 마무리 단계에 이른다. 하지만 크리핑 벤트그래스와 같은 한지형 잔디는 광합성을 계속하며 자란다. 서리는 잎 위에 얼음 결정이 있는 상태이다. 따라서 이른 아침에 사람들이 서리가 내린 잔디를 밟게 되면 얼음 결정이 잔디 잎 속으로 들어가 세포를 파괴하게 된다. 잔디는 혹한기에 밟히는 것보다 이때가 훨씬 더 위험하다. 그래서 겨울철 잔디가 많이 밟혀 죽는 시기는 초겨울 또는 늦은 겨울에 갑자기 한파가 기승을 부릴 때이다.

늦가을이나 초겨울에 내리는 서리는 경우에 따라 잔디에게 치명적일 수 있다. 백과사전에 따르면 서리는 응결점이나 응결점 이하에서 수증기가 지표면이나 물체의 표면에 가라앉아 달라붙어 만들어진 아주 얇은 얼음 결정이다. 서리는 수증기가 물을 거치지 않고 바로 얼음으로 진행되는 승화가 일어날 때 만들어진다. 좀 더 구체적으로 서리는 이슬점이 0℃ 이하인 맑고 바람이 없는 밤에 생성된다. 기온이 영하로 떨어지더라도 바람이 불면 서리가 만들어지지 않는다. 시기적으로 서리는 지표면 근처 공기의 습도가 비교적 높은 늦은 가을부터 나타나기 시작한다. 서리가 내리면 잔디 잎 위에 얼음 결정이 있는 상태이다(그림 4-1). 잔디밭에서 사람이 걷거나 차량이 이동하는 것은 잎 표면의 얼음 결정을 밀어서 잎 세포에 구멍을 뚫어 붕괴시키는 결과를 초래한다. 그 결과 답압이 많은 지점에 있

그림 4-1 늦가을 들잔디(위쪽 사진)와 금잔디(아래쪽 사진) 잎에 내린 서리. 잔디 잎 위의 서리는 얇은 얼음 결정이다.

는 잎은 갈색으로 변해 죽는 경우를 흔하게 볼 수 있다. 서리는 잔디가 겨울을 준비하는 과정인 경화가 완성되기 전에 내릴 수 있기 때문에 더 큰 피해를 받을 수 있다.

그럼 잔디는 겨울을 어떻게 준비할까? 잔디는 가을이 가기 전까지 광합성을 통해 합성된 탄수화물을 관부와 뿌리에 충분히 저장해야 한다. 저장한 탄수화물은 세포벽을 두껍게 하고 세포질의 점성을 높인다. 그러면 세포질은 마치 부동액처럼 끈끈해지면서 어는점이 낮아져 저온에 대한 내성이 높아지고 웬만한 추위에는 얼어 죽지 않게 된다. 마치 맹물보다 설탕물이 쉽게 얼지 않는 것과 같다. 그런 특성은 겨울 동안 세포의 탈수와 결빙을 억제하는 데 도움이 되어 겨울 추위로부터 잔디의 생존률을 높인다. 보통 경화 기간이라고 불리는 탄수화물 저장 과정은 난지형 잔디가 4℃ 전후에서 3~4주, 한지형 잔디가 1~2℃ 전후에서 3~4주 정도 걸린다. 그러니까 단풍 전후 늦가을쯤 된다. 경화 기간에 갑자기 추워져 그 기간을 채우지 못한다면 그 잔디는 생존 최저온도보다도 높은 온도에서도 동해를 입을 수 있다. 그러면 그해 겨울은 잔디에게 공포의 시간이 될 수밖에 없다.

겨울을 무사히 넘긴 잔디는 이른 봄에도 조심해야 한다. 왜냐하면 갑자기 추워질 수 있기 때문이다. 잔디는 겨울 동안 호흡을 하면서 저장탄수화물을 소모한다. 겨울이 지나고 세포 속에 남은 나머지 탄수화물은 봄에 새싹을 틔우기 위해 사용한다. 이 시기에는 세포 내 저장 탄수화물이 많지 않다. 그래서 세포벽이 얇아지고 세포질도 묽어진 상태이기 때문에 낮은 온도의 추위에도 약해지게 된다. 이때 갑자기 온도가 급격하게 내려간다면 잔디 세포는 동해를 받을 수 있다. 보통 영하 5~6℃에서 가장 취약하다. 이 정도의 온도가 되면 세포 안에는 얼음 결정이 생긴다. 정확하게는 세포와 세포 사이 공간에서의 얼음을 뜻한다.

세포 사이에 얼음이 언 상태에서 더 추워지면 문제는 심각해진다. 얼음은 주변 수분을 빨아들여 세포 내 수분까지 빼앗아 간다. 이때 물보다 부피가 큰 세포 안의 얼음덩어리는 자라면서 세포막이나 세포 내 소기관을 파괴하기도 한다. 물을 계속 빼앗긴 세포막은 세포벽으로부터 떨어져 나가는 원형질 분리 현상이 일어나고 원형질 응고로 이어진다. 원형질이 굳어져 버리는 것이다. 따라서 세포질 환경이 갑자기 변해버린 상태이기 때문에 세포 안의 다양한 소기관의 기능은 저하되거나 멈춰버린다. 결국 동해를 입은 잔디 세포 조직은 죽게 된다(그림 4-2). 이 시기에 잔디가 얼어

그림 4-2 얼어있는 켄터키 블루그래스 잔디밭 위 사람의 발자국(위쪽 사진). 크리핑 벤트그래스 퍼팅그린 위에 선명히 남은 사람의 발자국(아래쪽 사진). 갈색의 잔디는 발자국에 의해 죽은 부분이다. 서리가 내렸을 때 혹은 잔디가 얼었을 때 밟아서 죽은 잔디는 회복까지 긴 시간이 필요하다.

있는 잔디밭에서 사람이 걷거나 차량이 이동하면 잔디의 피해는 더 커지게 된다. 피해를 받은 잔디는 세포가 모두 파괴되어 수분은 증발되어 사라지고 잎은 갈색으로 변한다.

사람이나 차량이 얼어있는 상태의 잔디밭을 밟게 되면 잔디에게는 더 치명적이다. 답압이 관부까지 영향을 미치기 때문이다. 잔디밭의 잎과 줄기가 추위에 의해 동해를 입었다고 하더라도 봄이 되어 기온이 올라가면서 다른 잎과 줄기가 발생하기 때문에 어느 정도 피해는 회복될 수 있다. 하지만 생장점이 있는 관부가 동해를 받으면 상황은 다르다. 파괴된 관부의 세포에서는 세포질과 세포벽이 이미 손상을 입었기 때문에 수분의 증발을 막을 수 없다. 따라서 파괴된 관부의 세포 내 세포질 수분은 기체가 되어 밖으로 빠져나간다. 물이 빠져나간 세포질은 자연스럽게 응고되어 일을 할 수 없게 된다. 이른바 관부탈수현상이 일어난다. 결국 관부는 죽게 된다. 관부에서 잎과 줄기가 발생할 수 없기 때문에 죽은 부분은 회복되지 않는다. 그래서 초겨울(늦가을)이나 늦겨울 아침에 잔디밭을 밟는 것은 잔디에게 매우 위험하다. 예를 들어, 겨울 골프장 영업은 경우에 따라 잔디의 관부에게는 치명적일 수 있다. 잔디의 관부가 다칠 수 있는 환경에 자주 노출되기 때문이다. 이런 경우 죽은 부분은 봄철 그린업 이후에 뗏장으로 교체해야 한다. 그렇지 않으면 생육이 좋은 시기(한지형 잔디는 봄, 난지형 잔디는 여름)에 옆 잔디의 관부에서 뻗은 잎과 줄기가 지상으로 올라와서야 녹색을 일부 회복한다.

골퍼와 가드너가 알면 좋은 잔디관리 상식

관부탈수증을 막으려면 어떻게 해야 할까? 우선 가을에 잔디가 월동준비를 할 수 있도록 광합성이 잘 되게 일조량을 개선해야 한다. 또한 잔디 예고를 높여 잎이 광합성을 통해 저장양분을 충분히 만들 수 있게 해야 한다. 잔디가 너무 광합성에만 의존하지 않도록 충분히 양분을 공급하는 것이 좋다. 이때 속효성 비료는 잔디에 빨리 흡수되어 잘 자라게 하므로 오히려 세포벽을 얇게 하고 세포질을 묽게 하기 때문에 지양하는 것이 좋다. 식물체 내 저항성을 높여주는 칼륨 시비는 겨울 추위를 견디는 데 도움이 된다.

잔디밭에 물이 많으면 쉽게 얼음이 언다. 얼음이 언 채로 잔디밭 표면에 오래 지속되면 잔디 호흡에 문제가 생길 수 있다. 물이 너무 적으면 건조해를 당하기 쉽다. 그래서 적당한 수분 유지는 겨울을 견디는 데 필요하다. 골프장에서는 서리 피해를 방지하기 위해 전날 적당한 관수를 해서 피해를 예방할 수 있다. 수분이 밤새 증발해서 잔디 잎 표면의 온도를 어는점 이상으로 유지할 수 있기 때문이다. 그렇지 않으면 첫 티업 시간 전에 스프링클러를 가동시켜 서리를 녹이는 방법도 있다.

· 경화(硬化, Hardening): 식물이 저온 기간을 거치면서 어는점에 대해 견디는 성질(내동성)이 증가하는 현상을 말한다. 가을부터 겨울에 이르면서 온도가 서서히 내려가면 식물의 내동성이 증가하여 얼어 죽는 온도가 내려간다. 자연에서 경화된 식물이라도 봄이 되어 온도가 높아지거나 인위적으로 온도를 높이면 내동성이 저하하는데 이를 유화(Dehardening, 디하드닝)이라고 한다.

· 승화(昇華, Sublimation): 물질이 고체에서 액체 상태를 거치지 않고 기체로 바뀌는(또는 그 반대로 바뀜) 현상을 말한다. 예를 들어, 대기압하의 상온에서 드라이아이스(CO_2의 고체상태)가 액체로 되지 않고 기체로 변하는 것을 들 수 있다.

· 응결(凝結, Condensation): 기체가 차가운 물체 위에서 액체로 변하는 것을 말한다. 공기가 냉각이 되면 포화수증기량이 줄어들어 수증기가 물방울로 변한다. 현실에서 응결현상은 안개나 이슬, 찬물이 담긴 컵 표면에 매달린 물방울 등에서 볼 수 있다.

골퍼를 위한 TIP!

▶ 겨울 골프의 비거리는 여름과 비교하면 어떨까?

골프공 스피드 유지에 가장 이상적인 온도는 21~32℃로 알려져 있다. 그 이유는 차가운 공기가 뜨거운 공기보다 기체의 밀도가 높기 때문이다. 그런 이유로 추운 날씨에서 골퍼가 친 공은 날아갈 때 공기의 기체 입자들과 더 많이 부딪혀서 저항이 높아지기 때문에 비거리가 짧아진다. 이외에 공기 중 습도나 바람의 영향도 많이 받는다. 따라서 날씨 좋은 여름보다 추운 겨울에 골프공의 비거리가 더 짧다.

가드너를 위한 TIP!

잔디밭 정원에서 서리 내린 잔디를 밟는 것은 흔치 않다. 골퍼들처럼 이른 아침에 운동하는 경우가 드물기 때문이다. 서리가 녹으면 잔디 잎에 수분을 공급하는 것과 마찬가지이니 서리는 녹을 때까지 그대로 두는 것이 낫다. 가족의 일부가 이른 아침에 잔디밭을 통과해 외출(출근)해야 하는 집이라면? 현관과 대문 사이에는 보도블록 등으로 통로를 만들어 잔디의 서리 피해를 미연에 방지하는 것이 좋다. 서리가 녹는 오후나 저녁에는 잔디를 밟아도 크게 문제되지 않는다.

2. 양잔디는 정말 사계절 녹색일까?

본문 미리보기

우리나라 골프장이나 운동경기장에서는 서양잔디를 흔히 볼 수 있다. 퍼팅그린에 있는 크리핑 벤트그래스와 티잉 그라운드에 있는 켄터키 블루그래스는 대표적인 서양잔디이다. 서양이 원산지이고, 주로 서양(보통은 미국)에서 종자를 수입해 조성한다. 누구나 서양잔디의 장점으로 사계절 녹색을 꼽는다. 서양잔디의 사계절 녹색은 맞기도 하고 틀리기도 하다. 크리핑 벤트그래스와 켄터키 블루그래스는 우리나라 대부분의 지역에서 사계절 녹색은 아니다. 우리나라에서 지역에 따라 녹색기간이 다르기 때문이다. 아무리 추위에 강한 크리핑 벤트그래스와 켄터키 블루그래스라 할지라도 혹한의 겨울에서는 잎의 색이 노랗게 변하며 죽기 때문이다. 하지만 크리핑 벤트그래스와 켄터키 블루그래스는 들잔디보다 새싹이 나오는 그린업이 훨씬 빠르기 때문에 휴면색을 갖는 기간은 매우 짧다. 보통 1~2개월 정도이다. 서양잔디 중에는 난지형 잔디도 많다. 들잔디와 비슷한 녹색기간을 가질 수 있다는 의미이다. 따라서 서양잔디라고 해서 추위에 늘 강한 종류만 있는 것은 아니다. 그리고 녹색기간도 서양잔디 사이에 큰 차이가 난다.

많은 주말 골퍼들이 겨울에 한국잔디는 갈색, 서양잔디는 녹색이라고 생각한다. 사계절 녹색인 한지형 잔디 골프장은 아름답기 때문에 고급으로 여긴다. 우리나라에서 난지형 잔디인 들잔디, 금잔디, 버뮤다그래스는 지역에 따라 차이가 있지만 보통 10월~12월 사이에 잎이 누렇게 변해 죽는다(그림 4-3). 오래전인 1990년대에 들잔디는 9월부터 갈색으로 변했다. 그동안 한반도 기후의 온난화가 진행되어 따뜻해졌기 때문에 녹색기간이 1개월 정도 늦춰진 것이다. 금잔디는 잎이 누렇게 변하는 시기가 들잔디나 버뮤다그래스보다 1개월 이상 늦다. 이렇게 난지형 잔디에 속하는 잔디 종류 중에서도 차이가 크다.

그림 4-3 초겨울(11월, 왼쪽 사진)과 한겨울(1월, 오른쪽 사진)의 골프장 퍼팅그린과 프린지. 왼쪽 사진에서 갈색은 들잔디이고 녹색의 좁은 잎은 크리핑 벤트그래스이다. 오른쪽 사진에서 왼쪽의 진한 갈색은 크리핑 벤트그래스이고, 오른쪽의 연한 갈색은 들잔디이다. 크리핑 벤트그래스가 들잔디에 비해 훨씬 긴 녹색기간을 갖는다. 하지만 혹한기(오른쪽 사진)에는 두 종류의 잔디 모두 휴면색을 나타내고 있다. 중부지방에서는 추위에 강한 크리핑 벤트그래스라 하더라도 지상부 잎이 한겨울에는 죽고 봄에 새로운 잎이 올라온다.

그러면 우리나라에서 추운 지방 태생인 한지형 잔디는 정말 사계절 녹색일까? 녹색기간이나 사계절 녹색 여부는 한지형 잔디에 속하는 잔디의 종류, 위치한 지역이나 갖고 있는 양분 정도 등에 따라 다르다는 것이 정확한 답이다. 우리나라에서 가장 흔하게 볼 수 있는 한지형 잔디인 크리핑 벤트그래스나 켄터키 블루그래스를 예로 들어보자(그림 4-4). 두 종류의 잔디는 겨울이 따뜻한 남부지방에서는 지상부 잎과 줄기가 죽지 않을 수 있지만, 추운 중부지방에서는 지상부 잎과 줄기가 죽어 갈색으로 변하는 것이 일반적이다. 추운 겨울에 세포가 파괴되어 수분이 빠져나가면서 건조하게 되고 갈색으로 변하는 것이다. 그렇게 크리핑 벤트그래스와 켄터키 블루그래스의 지상부 잎과 줄기는 죽지만 이른 봄에 잔디밭은 녹색을 되찾게 된다. 그 시기는 온도와 습도 등 여러 가지 요인에 따라 달라질 수 있다. 잔디밭이 봄에 녹색으로 변하는 현상을 그린업(Green-up)이라고 한다. 잔디밭에서 녹색의 잎(Green)이 위(Up)로 올라온다는 의미이다. 아

골프와 가드너를 위한 잔디밭 사계

그림 4-4 2월에 볼 수 있는 크리핑 벤트그래스(위쪽 사진)와 켄터키 블루그래스 잎(아래쪽 사진). 죽은 잔디 잎 사이로 새 잎이 올라오고 있다. 갈색은 죽은 잎이고 녹색은 봄이 되어 새 순으로 올라온 살아있는 잎이다. 그린업이 완성되어 잔디밭이 녹색으로 가득 찰 때쯤 갈색의 잎은 식물체에서 분리되어 땅으로 떨어지거나 주변으로 흩어져 사라진다.

겨울冬

쉽게도 한글 단어는 아직 없다. 어떻게 하면 녹색의 잔디밭을 더 빨리 볼 수 있을까?

추운 겨울이 지나고 봄이 되어 온도가 높아지면 자연스럽게 잔디밭 그 린업이 이루어진다. 잔디 식물체는 뿌리 생장이 먼저 시작되고 물과 양분 의 흡수가 이루어지면서 새로운 잎과 줄기가 발생한다. 새로운 잎과 줄기 는 저장양분을 사용해 만든다. 지난 가을 저장했던 양분 중에 겨우내 쓰 고 남은 양이다. 그린업 과정을 통해서 새롭게 생긴 잎은 광합성을 활발 하게 진행하면서 에너지원인 포도당을 만들어 새뿌리를 만들고 여러가지 대사활동을 진행한다.

추위에 잘 견디는 크리핑 벤트그래스나 켄터키 블루그래스와 같은 한 지형 잔디의 그린업은 들잔디에 비해 훨씬 빠르다. 지역에 따라서 한지형 잔디는 2~3월에 녹색을 모두 회복하지만, 들잔디, 금잔디, 버뮤다그래스 와 같은 난지형 잔디는 4월~5월에나 가능하다. 이처럼 그린업은 한지형 잔디와 난지형 잔디 사이에 보통 1~2개월의 기간 차이를 보인다. 그래서 개막 시기에 TV 화면에 비치는 골프장 퍼팅그린, 월드컵 경기장, 프로야 구 경기장은 한지형 잔디가 거의 대부분이다. 야외에서 진행되는 프로스 포츠가 보통 3~4월에 본격적인 시즌에 들어가는데 그때도 휴면색인 들잔 디는 TV 화면에서 그다지 멋지게 보이지 않기 때문이다.

골퍼와 가드너가 알면 좋은 잔디관리 상식

잔디의 그린업을 위해서는 이른 봄에 토양 온도가 중요하다. 지표면 아래의 관부와 토양 속 뿌리가 생장을 위해 자극을 받아야 하기 때문이다. 그래서 나무 그늘 밑 잔디밭 토양은 예열되는 데 시간이 조금 더 걸린다. 그렇게 지온이 낮은 잔디밭은 그린업이 지연된다. 갈퀴를 사용하여 잔디밭을 가볍게 긁어내어 죽어있는 잔디 잎과 줄기, 나뭇잎과 부스러기를 제거하면 그린업을 앞당기는 데 도움이 된다. 잔디와 토양이 직사광선을 직접 받을 수 있기 때문이다.

저녁부터 새벽까지 잔디밭 위에 피복재를 덮어 온도를 더 높게 유지하면 그린업이 빨라질 수 있다. 이른 겨울과 이른 봄에 골프장 퍼팅그린에서 피복재가 보이는 것은 그런 이유 때문이다. 착색제를 살포한 잔디밭의 그린업도 그렇지 않은 곳보다 빠른 편이다. 토양도 중요하다. 물과 양분을 많이 가지고 있는 점토 토양의 잔디밭이라면 그린업은 빨라질 수 있다. 이와 반대로 모래 토양의 잔디밭은 물과 양분이 적어 상대적으로 그린업이 늦다. 양분과 수분이 충분치 않을 때는 봄 잔디밭에 물과 비료를 주는 것이 그린업을 앞당기는데 도움이 된다.

· 피복재: 겨울철 퍼팅그린의 녹색기간을 길게 하기 위해서 잔디밭을 덮는 자재이다. 피복재에 덮인 잔디는 저온 피해와 수분 손실을 덜 받기 때문에 녹색기간이 길어진다.

골퍼를 위한 TIP!

▶ **겨울 코스에서 명랑골프 방법은?**

겨울골프는 성적보다 분위기가 먼저다. 겨울 코스에서의 안전사고 위험이 잔디 생육시기의 골프보다 크기 때문이다. 그래서 동반자 사이에 경쟁에 너무 집중하다 보면 부상 위험이 뒤따른다. 명랑골프를 위해서 "윈터룰(Winter rule)"을 정해 겨울 골프를 즐기는 것이 바람직하다. 윈터룰은 동반자들과 합의한 후 적용한다. 아니면 캐디의 조언을 얻어도 좋다. 윈터룰은 공이 흙에 묻거나 디봇, 벙커 발자국에 들어가는 등 정상적인 플레이를 할 수 없는 경우 '무벌타 드롭'을 허용하는 것이 가장 일반적이다. 또한 라운드 중에 공이 빙판 위에 있거나 워터해저드 근처에 있을 경우에도 윈터룰이 필요하다. 윈터룰을 적용해 안전한 장소에서 샷을 하는 것이 좋다. 겨울골프는 동반자 모두가 다치지 않는 것이 우선이기 때문이다.

가드너를 위한 TIP!

일반 가정의 잔디밭 정원에서 그린업을 서두르는 것은 권하지 않는다. 하지만 잔디밭 일부가 그늘이라서 고른 그린업을 원한다면 피복재 사용을 추천한다. 휴면 중인 들잔디와 비슷한 색의 피복재(차광망)를 구입할 수 있다. 지역에 따라 다르지만 보통 4월 중순부터 그린업이 시작되는 지역의 경우에는 3월중순 정도에 피복재를 쓰는 것이 좋다. 땅이 얼 정도의 지점이라면 2월 하순이나 3월 초부터 사용해도 좋다. 토양온도가 너무 올라갈 수 있으므로 30~60%(햇볕을 30~60% 가리는 재질) 피복재를 쓰는 것을 추천한다. 잔디가 숨을 쉬어야 하기 때문이다. 저녁에 피복재를 덮었다가 오전에 걷는 수고로움은 감수해야 한다. 만약 피복재를 사용한다면 새싹이 고온에 피해를 입을 수 있으므로 온도가 높아지면서 자주 확인해야 한다.

3. 겨울철 혹한에도
퍼팅그린이 녹색인 이유는?

본문 미리보기

많은 골프장에서 겨울철에 착색제를 사용하고 있다. 주로 퍼팅그린에 살포하지만 페어웨이에 착색제를 살포하는 골프장도 늘고 있다. 착색제를 골프 코스에 살포하면 갈색의 휴면색이 녹색의 생육기 색으로 변하기 때문에 미관상 좋고 햇빛을 잘 받아들여 뿌리지 않은 곳보다 그린업이 빠른 장점도 있다. 골프, 축구, 야구 등 프로 스포츠 경기장에서 로고를 표시하거나 줄을 그을 때에도 착색제를 사용한다. 착색제 제품에 따라서 뿌린 다음 날 이슬이 마르지 않은 상태에서 잔디밭을 밟으면 신발이나 공에 묻을 수 있다. 보통 착색제가 마르고 나면 더 이상 묻지 않으며 골프의 경기력에는 문제되지 않는다.

미국에는 메이저리그도 있고 북미 아이스하키리그도 있지만, 뭐니 뭐니 해도 미국은 미식축구의 나라다. 미식축구는 가을부터 다음 해 초까지 녹색의 잔디밭에서 공격과 수비의 전략 그리고 힘과 스피드를 겨루는 스포츠이다. 한겨울에 시즌이 지속되기 때문에 어떤 경기에서는 눈발이 흩날리기도 한다. 미식축구의 압권은 역시 슈퍼볼이다. 슈퍼볼은 미식축구의 결승전이다. 단판승부로 끝나는 그 게임에는 미국인을 포함해 수억 명의 지구촌 시청자들이 즐긴다.

미식축구나 메이저리그 경기장 잔디에는 화려한 천연색 무늬가 있다. 그 경기팀이나 팀을 후원하는 기업체의 로고나 광고가 그려져 있는 무늬이다. 이러한 무늬는 골프장에서도 볼 수 있다. 겨울철 골프장 퍼팅그린이 진한 녹색이라면 바로 그 페인트 덕분이다. 전문 용어로 착색제이다. 아무리 추운 온도에서 잘 견디는 한지형 잔디라도 매서운 추위에서는 잎이 갈색으로 변하면서 죽는다. 서양잔디인 크리핑 벤트그래스나 켄터키 블루그래스 잎이 한겨울에 갈색인 것도 그런 이유 때문이다. 그 위에 잔디에게 안전한 착색제를 뿌린다. 착색제는 누렇게 변한 겨울 잔디밭에 생동감을 불어 넣는다.

우리나라 골프장에서 들잔디와 같은 난지형 잔디 휴면기인 겨울에 생동감을 불어넣기 위해 녹색의 착색제를 처리한다. 퍼팅그린에서의 사용도 아주 흔하다(그림 4-5). 착색제는 잔디 생육기 중에 처리하기도 한다. 잎이 병해충이나 비생물학적인 원인에 의해 피해를 입어 누렇게 변했을 때 탈색된 잎을 위장하기 위해서 착색제를 사용한다. 착색제의 잔디밭 처리는 또다른 장점도 있다. 잔디의 휴면 전후에 처리하는 착색제는 이듬해 봄 그린업에도 영향을 미친다. 착색제의 농도나 처리 횟수 등에 따라 다르지

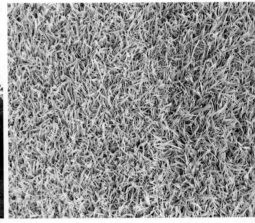

그림 4-5 착색제를 처리한 골프장의 들잔디 페어웨이(왼쪽 사진)와 크리핑 벤트그래스 퍼팅그린 (오른쪽 사진).오른쪽 사진에서 왼쪽 연한 녹색은 착색제 무처리 잔디, 오른쪽 진한 녹색은 착색제 처리 잔디이다. 착색제 처리는 겨울기간 중에 휴면색으로 변한 골프장의 미관을 좋게 하고 잔디를 생육기 녹색으로 바꿔서 생동감을 불어넣는다.

골프와 가드너를 위한 잔디밭 사계

만 갈색의 휴면색보다 녹색이 햇빛을 많이 흡수해서 토양 온도가 올라가기 때문이다. 그래서 착색제 처리는 봄에 그린업을 빠르게 해서 잔디의 녹색기간을 길게 하는 효과가 있다.

요즘에는 축구나 야구 등의 운동 경기장이나 골프 대회 등에서 다양한 색상의 착색제를 잔디 위에 라인, 로고, 광고 등을 표시하면서 그 용도는 점점 넓어지고 있다. 고객들의 만족도도 높은데 경기력에 영향을 미친다는 보고도 없어서 착색제 사용 골프장은 지속적으로 증가하고 있다. 골프 대회가 진행되면 TV 화면을 고려해서 잔디 잎이 누런 상태를 보이는 늦가을이나 이른 봄에 일시적으로 착색제를 사용하기도 한다. 착색제를 살포한 잔디는 TV 화면에 훨씬 생동감이 넘쳐 보인다. 이러한 이유 때문에 지방자치단체나 학교 운동장에서의 착색제 사용빈도도 높아지고 있다.

골퍼와 가드너가 알면 좋은 잔디관리 상식

그러면 착색제는 언제 뿌릴까? 착색제는 잔디 잎이 갈색으로 변하기 전에 뿌리는 것이 효과가 가장 높다. 잔디 잎이 휴면에 들어가기 전에 뿌리는 것이다. 대략 9~10월쯤 된다. 언제까지 지속될까? 이것은 제품에 따라서 다르다. 가장 오래 지속되는 제품은 이듬해 5월까지도 녹색이 유지된다. 들잔디나 금잔디가 5월에 그린업이 완성되어 녹색으로 변하니 착색제를 살포하면 사계절 녹색을 유지할 수 있는 셈이다. 하지만 착색제는 보통 녹색의 액상 자재이기 때문에 제품에 따라 잎에 부착되는 능력이 다를 수 있다. 그래서 착색제 살포 직후에 공이나 신발에 묻는 피해를 입을 수 있다. 착색제를 뿌린 그 다음날 이른 아침에 골프를 즐기는 고객들은 이슬에 섞인 착색제 때문에 큰 불편함을 느낄 수 있다. 혹시라도 퍼팅 중에 골프화 바닥에 녹색의 액체가 묻었다면 착색제라고 생각해도 무방하다. 그래서 골프장에서는 살포 후 다음 날 고객들에게 피해가 가지 않도록 주의를 기울여야 한다. 착색제 용액에 전착제를 좀 더 추가한다든지 티업 시간을 조금 늦추는 방법이 있다. 아니면 다른날보다 더 일찍 예초를 실시해서 잎을 더 빨리 마르게 하는 방법도 있다. 하지만 착색제는 퍼팅그린에서 골프공의 라이에 영향을 받는 등의 경기력과는 무관하다. 착색제를 뿌리고 난 후에 잔디관리자들이 주의를 기울여야 할 사항도 있다. 바로 건조 피해이다. 잔디는 그린업 전까지 언제든지 건조피해를 입을 수 있다. 착색제를 뿌린 잔디밭에서 육안으로 잔디상태만 보고 건조 여부를 알기 쉽지 않다. 따라서 가뭄이 지속되는 기간에는 토양을 조금씩 파보면서 건조여부를 직접 확인하는 것이 좋다.

· 토양 온도(土壤溫度): 흙의 표면 또는 흙 속의 온도를 말한다. 농작물이나 잔디의 생장에 영향을 준다. 특히 잔디의 봄철 빠른 그린업을 위해서는 토양온도 상승이 필수적이다.

골퍼를 위한 TIP!

▶ 겨울 골프에는 역시 색깔 있는 공(컬러볼)이 최고!!

골프공에 색깔이 있는 것은 라운드 중에 공을 더 잘 찾게 하는 목적이 있다. 흰색과 노란색 공은 잔디가 잘 자라는 생육기에 잘 보이는 장점이 있어서 많이 사용된다. 빨간색 공은 눈이 내린 코스에서 잘 보이기 때문에 겨울 골프에서 많이 사용된다. 검은 색 공은 코스에서 찾기가 어려워 잘 사용하지 않는다. 색깔이 있는 골프공은 다른 기능도 있다. 검은색 공은 압축강도가 100 이상으로 제일 딱딱하다. 헤드 스피드(head speed)가 시간당 110 m 이상 되는 프로 선수나 힘 있는 남자들이 사용한다. 빨간색 공은 압축강도 90, 헤드 스피드가 100m 정도로 일반 남자가 사용하기에 적당하다. 파란색 공은 압축강도가 부드러운 편에 속한다. 압축강도는 80, 헤드 스피드가 80~90m로 힘이 약한 남자나 일반여자에게 사용을 권한다. 마지막으로 초록색 볼은 압축강도 70으로 매우 부드럽다. 헤드 스피드가 80m의 힘이 약한 여자가 사용하면 좋다. 여기서 압축강도가 90이라 하면 골프공을 2.54㎜를 찌그러뜨리는데 90㎏의 힘이 필요하다는 의미이다. 따라서 압축 강도가 높을수록 힘이 좋고 스윙스피드가 빠른 골퍼들이 사용하는 것이 맞다. 하지만 색깔별 압축강도는 회사마다 다를 수 있다. 노란색이나 녹색 공도 제조되어 판매되고 있는데, 구입할 때 압축강도를 확인할 수 있다.

가드너를 위한 TIP!

잔디밭 정원에서는 착색제 사용을 추천하지 않는다. 들잔디나 켄터키 블루그래스 자연그대로의 휴면색도 좋기 때문이다. 하지만 생육기 중에 일부 잔디가 병이나 재해 등으로 큰 피해를 입었을 때 착색제를 처리하면 주변의 녹색과 비슷하게 만들 수 있다. 일종의 위장이다. 시중에서 판매하는 유성 또는 수성 페인트를 잔디밭에 뿌리면 잔디는 죽을 수 있다. 따라서 잔디밭에 필요할 경우에는 반드시 착색제를 뿌려야 한다. 파크골프장에서 휴면기 중에 그린이나 티잉 그라운드 또는 페어웨이 부분에 착색제를 살포해 구분하는 것도 멋진 응용이라 할 수 있다.

겨울冬

4. 잔디도 겨울에
얼어 죽을까?

본문 미리보기

골프장 잔디는 겨울에 많이 죽는다. 골프장 잔디가 겨울에 죽는 것은 낮은 온도 때문이라기 보다 주로 답압과 건조가 원인이다. 겨울에 잔디는 자주 얼어있는 상태에 있다. 겨울 영업을 하는 골프장은 내장객의 답압이 지속되고 제설작업 등의 이유로 무거운 장비가 코스안으로 자주 들어가게 된다. 이때 생장점인 관부가 답압에 의해 많이 파괴되어 죽는다. 겨울 잔디는 건조도 문제다. 골프장 토양은 모래 지반이기 때문에 눈이나 비가 자주 오지 않는 겨울에는 건조에 매우 취약하다. 게다가 골프장 코스에서는 동계기간 중에 스프링클러의 동파 우려 때문에 물을 뺀다. 따라서 겨울 건조가 심하더라도 골프장 잔디 전체에 물을 주기에는 큰 어려움이 있다. 그런 이유로 골프장 잔디는 내장객이 너무 많거나 바람이 불고 건조가 장기간 지속되는 늦겨울 날씨에 많이 죽게 된다.

잔디도 겨울에 얼어 죽을까? 결론적으로 답은 Yes. 먼저 잔디가 자라는 온도부터 살펴보자. 잔디가 잘 자라는 온도는 부위별로 다르다. 햇볕이 잘 드는 지상부는 그렇지 않은 지하부보다 잘 자라는 온도가 약간 높다. 우리나라에서 자생하는 들잔디와 금잔디를 포함한 난지형 잔디는 지상부(잎과 줄기)가 섭씨 27~32℃, 지하부(뿌리)는 24~29℃에서 잘 자란다. 반면에 추운 지방 태생인 한지형 잔디의 경우 지상부는 18~24℃, 지하부는 10~18℃에서 잘 자란다. 난지형 잔디가 한지형 잔디보다 대체로 10℃ 정도 높은 온도에서 잘 자란다.

그러면 잔디의 생육한계온도는 어느 정도일까? 학자들의 연구 결과나 잔디 종류에 따라서 다르지만, 대략적으로 난지형 잔디의 생육한계온도는 지상부는 최저 18℃, 최고 49℃, 지하부는 최저 10℃, 최고 43℃이다. 좀 더 자세하게 설명하자면, 잎과 줄기는 18℃ 이하로 내려가거나 49℃ 이상으로 올라가면 생육이 멈추면서 휴면에 들어가거나 피해를 입는다. 한지형 잔디의 생육한계온도는 난지형 잔디보다 낮다. 지상부는 최저 5℃, 최고 32℃이고, 지하부는 최저 0℃, 최고 25℃이다. 그래서 상대적인 비교지만 난지형 잔디는 고온에서, 한지형 잔디는 저온에서 잘 자란다. 하지만 위의 온도가 절대적인 기준은 아니다. 생육 적정온도나 한계온도는 식물체 상태나 환경조건에 따라 조금씩 차이를 보인다.

그럼 잔디는 겨울에 얼어 죽을까? 서두에 Yes라고 답을 했다시피 잔디는 추운 겨울에 조직이 얼게 된다(그림 4-6). 겨울이 깊어져 생존 한계온도 이하로 내려가면 잔디도 얼어 죽을 수 있다. 하지만 위에서 언급한 것처럼 잔디 종류마다 생존 한계온도는 다르다. 한지형 잔디인 크리핑 벤트그래스는 섭씨 -35℃, 켄터키 블루그래스는 -10~-30℃, 페레니얼 라이그래스는 -9~14℃로 알려져 있다. 난지형 잔디는 한지형 잔디보다 상대적으로 더 높은 온도에서 얼어죽는다. 들잔디는 -10~-13℃, 버뮤다그래스는 -5~-7℃로 보고된다. 그 생존 한계온도 이하로 내려가면 죽는다는 뜻이다. 하지만 실제로 그럴까? 강원도 철원은 매년 한겨울 기온이 영하 20℃를 자주 오르내린다. 그럼 철원에는 들잔디가 없을까? 그렇지 않다. 철원에 있는 공원, 묘지, 운동장 등 어디서나 들잔디를 쉽게 볼 수 있다.

2009년 중국의 난징대학교 연구자들이 조이시아 속 잔디(Zoysia spp.)를 가지고 흥미로운 실험을 했다. 그들이 실험 재료로 사용한 조이시아 속

그림 4-6 한겨울 크리핑 벤트그래스 퍼팅그린 위 얼음(위쪽 사진)과 잎 표면이 얼어있는 켄터키 블루그래스(아래쪽 사진). 이 시기에 한지형 잔디의 조직은 얼게 된다. 잔디가 겨울에 죽는 것은 낮은 온도만 관여하는 것은 아니다. 다양한 요인이 작용한다.

골프와 가드너를 위한 잔디밭 사계

잔디 종류는 들잔디, 금잔디, 비단잔디, 왕잔디, 갯잔디 총 5종이다. 다섯 종의 잔디는 우리나라에서도 볼 수 있지만, 중국에서도 자생한다. 다섯 종류의 잔디가 저온에서 얼마나 버틸 수 있을까? 연구자들은 잎과 줄기(뿌리 제외)를 낮은 온도에 두고 실험 재료의 50%가 죽는 온도(LT_{50})를 측정하였다. 그 결과를 보면, 들잔디는 섭씨 -6.68°C, 갯잔디 -5.90°C, 금잔디 -5.35°C, 비단잔디 -3.5°C, 왕잔디 -2.7°C에서 각각 50%가 죽었다. 우리가 주변에서 흔히 볼 수 있는 들잔디가 다른 종보다 저온에 가장 강했다. 그러면 같은 종 내의 개체 사이에서는? 들잔디는 -1.9~10.4°C, 갯잔디는 -3.0~9.5°C, 금잔디는 -2.8~6.8°C로 같은 종이라도 지역별 수집 개체 사이에 큰 차이를 보였다. 그럼 식물체 부위별로는 어떤 결과를 보였을까? 잎은 -6.9°C, 포복경은 -7.8°C, 지하경은 -8.4°C로 잎이 추위에 가장 약한 것으로 나타났다.

위 실험 결과는 무엇을 의미할까? 잔디의 생존 한계온도는 개체에 따라 다를 수 있다는 사실을 가리킨다. 강원도 철원에서 오랫동안 적응한 들잔디는 제주도에서 자란 개체보다 추위에 강할 수 있다는 의미이다. 실제로 겨울에 들어가기 전에 충분한 경화 시간을 갖고 탄수화물을 저장한 잔디는 그렇지 않은 잔디보다 저온에 대한 내성이 훨씬 강하다. 잎이 짧은 상태로 겨울을 맞이한 잔디보다 잎이 길었던 잔디가 광합성을 통해 얻은 탄수화물 저장량이 많기 때문에 혹독한 겨울을 잘 견딘다. 생장점이 있는 관부가 토양 어느 정도 깊이로 있느냐에 따라 추운 겨울을 이겨내는 능력에서 큰 차이가 생길 수 있다. 토양 수분이나 양분의 보유 정도도 그들의 생존을 좌우할 수 있는 매우 중요한 요인이다. 그 외에도 잔디의 생존 한계온도를 좌우하는 변수는 매우 다양하다. 그 변수가 무색할 만큼 혹독하게 추운 조건에서라면? 겨울 준비가 미흡했던 잔디 개체는 동해를 입어 죽을 수밖에 없다.

골퍼와 가드너가 알면 좋은 잔디관리 상식

그럼 골프장 잔디가 겨울에 죽는 것은 왜일까? 골프장 잔디가 겨울에 죽는 이유는 낮은 온도 때문에 얼어 죽기보다 주로 답압과 건조해가 원인이다. 한겨울 영업을 하는 골프장은 생육기와 마찬가지로 골프장을 찾는 내장객이 지속적으로 잔디를 밟는다. 폭설이 내리면 제설작업 등의 이유로 무거운 장비가 코스 안으로 자주 들어가게 된다(그림 4-7). 이때 생장점인 관부가 많이 파괴된다. 파괴된 관부세포에 있던 수분은 빠르게 증발된다. 관부가 수분을 잃어버려 죽게 되는 관부탈수현상이 발생하는 것이다. 또한 겨울 골프장 잔디는 건조에 의해서도 많이 죽는다. 골프장 토양은 모래 지반이기 때문에 눈이나 비가 오지 않는 겨울 날씨가 길어지면 건조에 매우 취약해진다. 게다가 골프장 코스에서는 동계기간 동안 동파 우려 때문에 스프링클러에서 물을 뺀다. 따라서 겨울 건조가 심하더라도 넓은 면적을 관수하기에는 큰 어려움이 있다. 그래서 잔디는 겨울에도 건조에 의해 많이 죽는다. 특히 겨울 막바지에 바람이 불고 건조가 장기간 지속되면 잔디의 생존은 크게 위협받는다.

잔디가 겨울에 죽을 수 있는 경우는 더 있다. 잔디밭에 얼음층이 생기면서 잔디가 숨막혀 죽는 경우이다(그림 4-7). 주로 산소 결핍에 의한 손상이지만, 장기간 지속되면 저온, 무산소증, 독성 가스, 독성 대사산물에 의

그림 4-7 제설작업이 끝난 퍼팅그린(위쪽 사진)과 얼음으로 덮인 퍼팅그린(아래쪽 사진). 한겨울에 내린 눈은 겨울 건조에 시달리는 잔디에게 축복이지만, 제설작업으로 인해 관부 조직이 피해를 받을 수 있다. 그리고 잔디밭이 얼음으로 덮인 상태가 장기간 지속되면 산소 결핍이나 독성 가스 등에 의해 잔디가 죽을 수 있다.

한 스트레스 및 이와 관련된 여러 가지 합병증이 유발될 수 있다. 잔디는 겨울에도 낮은 수준의 호흡을 지속하면서 가스를 배출한다. 토양 속 많은 미생물도 호흡을 지속한다. 잔디나 토양미생물 모두 겨울에도 토양 속에 산소가 필요하다는 뜻이다. 겨울에 비가 내려 잔디밭이 얼음으로 뒤덮일 경우에는 토양 내부와 지상과의 가스교환이 이루어지지 않는다. 그때 독성 가스나 무산소에 의한 잔디 손상이 발생할 수 있는 조건이 된다. 특히 유기물 함량이 높은 토양에서 토양 미생물 활동과 그에 따른 호흡이 더욱 활발하기 때문에 산소 고갈에 의한 무산소 손상 피해는 더 클 수 있다. 산소 소모가 많기 때문이다.

잔디밭이 얼음에 덮였을 때 잔디의 생존 여부는 잔디 종류, 얼음에 덮여있는 기간, 얼음의 유형 등 다양한 요인이 작용한다. 외부와 통하는 구멍이 있는 다공성 얼음은 겨울철 잔디 건강에 크게 해롭지 않다. 대기나 토양 환경에 있는 공기가 잔디(뿌리)로 이동 가능하기 때문이다. 이러한 경우에는 생장점이 있는 관부 조직의 괴사를 유발할 수 있는 유해가스 축적이 줄어든다. 이와는 반대로 외부와 공기 교류가 이루어질 수 없는 불침투성 또는 비다공성 얼음이 장기간 지속되면 무산소 상태와 독성 가스 축적이 쉽게 발생할 수 있다. 잔디는 이때 위험하다.

잔디밭의 얼음 아래에 축적되는 것으로 밝혀진 가스에는 이산화탄소, 막산에틸(Ethyl butyrate) 등이 있다. 불침투성 얼음층 아래의 산소 부족은 혐기성 대사와 관련된 대사산물이 만들어진다. 예를 들어 에탄올, 젖산염, 말산염 등과 같은 대사산물이 식물 조직에 축적될 수 있다. 혐기성 독성 대사산물이나 가스가 잔디 세포에 축적되면 매우 해롭다. 그러한 물질들은 잔디 세포에서 지질의 과산화를 유발하고, 이것은 전해질 누출 및 막 기능 장애로 인한 세포막 조직의 분해로 이어질 수 있기 때문이다. 따라서 불침투성 얼음이 잔디밭에 있다면 가능한 한 빠른 시일 내에 제거하는 것이 좋다. 코스에서 경기를 하고 있는 골퍼들의 안전을 위해서도 매우 필요하다.

용어 알아보기

· 얼음(Ice): 수증기는 0℃ 이하의 온도 조건일 때 지상에서는 서리가 되고 구름에서는 눈송이가 된다. 0℃ 이하에서 액체상태의 물은 강빙·해빙·우박 혹은 냉장고에서 얻을 수 있는 얼음이 된다. 얼음은 물이 얼어 고체가 된 상태를 말한다. 수빙(水氷)이라고도 하며, 또 눈에서 생긴 얼음은 설빙(雪氷)이라고 한다.

골퍼를 위한 TIP!

▶ **공이 눈 속에 박혀있다면?**

눈이나 얼음은 임의로 캐주얼 워터나 루스 임페디먼트 중 하나로 취급할 수 있다. 캐주얼 워터로 취급해서 처리하면 가장 가까운 구제 지점으로부터 1클럽 길이 범위 내에 드롭하고, 루스 임페디먼트로 취급할 때는 눈이나 얼음을 제거하면 된다. 어느 쪽으로 취급하든지 벌타는 없다.

가드너를 위한 TIP!

잔디밭 정원은 보통 모래 토양이기보다 점토 토양에 가깝다. 특히 정원에 사용하는 들잔디 뗏장은 일반적으로 논토양에서 생산한다. 그래서 정원 토양은 양분과 수분이 많은 경우가 대부분이다. 그래서 겨울 추위에 잔디가 얼어 죽는 경우가 흔치 않다. 대신에 정원 토양은 배수에 문제가 있을 수 있다. 한겨울 잔디밭에서 그늘이 지는 지점에 물이 고이면 얼음이 얼게 된다. 얼음 상태나 물이 고여 있는 상태가 오래 지속되면 잔디의 뿌리 호흡에 문제가 발생한다. 이런 경우에는 그대로 두지 말고 고인 물이나 얼음 모두 제거하는 것이 바람직하다. 가족의 안전을 위해서도 제거가 필요하다.

5. 10년 후 우리나라 잔디는 어떻게 바뀔까?

본문 미리보기

10년~20년 후 미래의 골프장에서 잔디는 어떻게 바뀔까? 골프장의 잔디는 우리나라 기후 변화에 맞춰서 그 종류가 변할 것이다. 여름의 높은 온도와 습도에 견디지 못하는 한지형 잔디 대신에 아열대 기후에서 잘 자라는 잔디로 점점 대체될 것이다. 잔디 종류가 변화함에 따라 초종에 맞게 관리 방법도 바뀌게 된다. 주말 골퍼들은 초종에 맞는 샷과 퍼팅을 해야 유리하다. 잔디를 관리하는 인력의 부족 현상이 심화됨에 따라 외국인 인력 유입도 예상된다. 주말 골퍼들은 동남아에서 온 여성 캐디의 도움을 받게 될지 모른다. 노캐디 골프장도 늘어나서 지금보다 더 저렴한 가격으로 골프를 즐길 수 있게 된다. 일부 골프장에서 실험적으로 사용되고 있는 드론과 로봇 예초기도 잔디 위에서 흔하게 볼 수 있을 것이다.

미래의 골프장 잔디는 어떻게 될까? 여기서 미래는 10년~20년 후라는 전제로 풀어가기로 한다. 골프장 잔디는 10년~20년 후 한 번에 갑작스럽게 변하지는 않는다. 지금도 조금씩 변하고 있고 앞으로도 계속 바뀔 것이다. 식물인 잔디는 기상과 밀접하다. 환경부와 기상청이 공동 발간한 『한국 기후변화 평가보고서 2020』을 인용한다.

한국의 기온 변화가 놀랍다. 전 지구 평균 지표온도가 1880~2012년 동안 0.85도 높아진 반면, 한국은 그보다 짧은 기간인 1912~2017년 사이에 약 1.8도 상승했다. 폭염경보와 폭염주의보와 같은 폭염 특보가 발령된 횟수도 2009년 365회에서 2013년엔 724회로 가파르게 증가했다.

우리나라 연평균 강수량은 늘고 있으며 특히 여름철에 집중되는 강우 집중현상은 데이터로도 증명된다. 봄과 겨울에 가뭄 피해가 나타나기도 한다. 그래서 기상이변이라고도 한다. 환경부와 기상청은 앞으로 돌발 호우 등으로 인한 홍수 위험성은 높아지고, 가뭄의 빈도가 늘어나는 다소 모순적인 현상이 나타날 것으로 전망했다. 지금보다 60~70년 후에는 현재 연간 10.1일인 폭염일수가 35.5일로 증가할 것으로 예측한다. 여름에 33도 이상인 날이 한 달 이상 지속되는 것이다. 그때에는 골프장 식물의 생태계도 바뀐다. 골퍼들은 2090년 골프장에서 지금보다 벚꽃의 개화시기를 11.2일 먼저 만날 수 있다. 소나무는 겨울철 기온이 1도 오를 때마다 1.01% 사라지고 2080년대에는 소나무숲이 현재보다 15% 줄어든다. 골프장의 그 많은 소나무도 다른 나무로 대체되거나 고온에 강한 품종으로 바뀌어야 한다. 강원도에서 감귤 재배가 가능해지기 때문에 전국의 골프장은 열대 수목의 배치가 늘어날 것이다.

그러면 골프장 잔디의 운명은 어떻게 될까? 골프장에서는 잔디종류와 관리방법이 크게 변할 것으로 예측된다. 동남아시아를 보면 우리나라 골프장 잔디의 미래가 보일지 모른다. 우리나라의 기후가 아열대화하고 있기 때문이다. 퍼팅그린 잔디는 벤트그래스에서 금잔디나 버뮤다그래스와 같은 아열대기후에 적합한 잔디로 바뀌고, 켄터키 블루그래스 티잉 그라운드와 페어웨이는 들잔디와 버뮤다그래스로 대체될 것으로 보인다. 기상변화를 무시하고 변화를 거부하거나 시기를 놓치는 골프장은 무더위와 습도에 견디지 못해 죽은 잔디를 교체하느라 다른 골프장보다 훨씬 많은 비용을 지불하게 될 것이다.

그럼 미래의 골프장에서 잔디와 관리방법은 왜 변해야 할까? 크게 두 가지로 요약하자면 사회 및 골프장 환경의 변화 때문이다. 정부에서는 골프장을 대상으로 환경에 부담이 되는 화학농약과 화학비료를 줄이려는 압박을 계속 할 것이다. 환경단체와 시민단체의 감시는 더욱 날카로워진다. 따라서 화학농약과 화학비료를 줄일 수 있는 다양한 방법이 개발되고 이용되어야만 골프장 또는 골프장 직원은 환경 변화에서 살아남을 수 있다. 로봇예초기가 사람을 대신하고 드론을 이용해 화학농약과 화학비료의 살포를 최소화하는 것이 골프장의 흔한 풍경이 될 것이다(그림 4-8). 화학비료가 많이 필요한 잔디 종류는 상대적으로 투입이 적은 잔디로 대체될 것이다.

미래에는 우리나라 인구가 점점 더 줄어들면서 골프장 인력 수급은 더 어려워질 것이다. 그에 따라 사람을 대신할 수 있는 고가의 첨단장비 투입에 가속도가 붙는다. 그래도 부족한 인력은 외국인이 채울 것이다. 노캐디 골프장도 많이 늘어날 전망이다. 워라벨을 중시하는 젊은 남녀 인력은 좀 더 편하고 보수가 많은 직종으로 몰리기 때문이다. 노캐디 골프장

그림 4-8 잔디를 깎고 있는 무선 원격조종 로봇 예초기(왼쪽 사진). 단순작업이나 경사가 심한 위험 지점 등에서 유용하게 사용된다. 골프장에서 사용되고 있는 드론(오른쪽 사진). 농약이나 비료 등을 뿌리는 데 사용된다.

골프와 가드너를 위한 잔디밭 사계

은 라운드 비용이 줄어드는 대신에 주말골퍼들의 자율과 책임이 높아지게 된다. 그들의 에티켓 수준에 따라 골프코스의 잔디 상태도 크게 달라질 수 있다. 많이 알려진대로 미국 골프장의 코스관리는 많은 부분에서 중남미 인력에 의해 이루어지고 있다. 우리나라의 많은 골프장들은 미국 골프장의 인적 구성 모델과 비슷한 방향으로 진행될 것으로 예상된다. 하지만 인력과 예산에 부담을 느끼지 않는 일부 대기업 골프장이나 회원제 골프장은 미국 모델을 따르지 않고 회원들의 만족도를 높이는 방법을 찾는데 더 큰 노력을 기울일 것이다.

미래에는 골프장 사이에 잔디 품질 차이가 크게 차별화될 것이다. 잔디의 품질 차이는 서비스의 차이와 직결되기 때문에 라운드 비용이 비싼 골프장과 저렴한 골프장이 크게 나뉘게 된다. 비용 절감을 위해서 드론과 로봇의 도입은 필수적이다. 그래서 골프장 코스에는 드론과 로봇이 많아지고 다양해질 것이다. 로봇 예초기가 잔디를 깎고 드론이 비료와 농약을 살포하는 것이다. 미래에 그들은 자체 입력된 정보에 근거해서 코스에서 비료와 농약이 필요한 지점을 스스로 찾아서 살포할지도 모른다. 그러면 비료와 농약의 사용량도 자연스럽게 줄어들게 된다. 로봇 예초기도 점점 우리 일상과 함께하고 있다. 실제로 지금 컴퓨터를 켜면 인터넷 마켓 판매되는 소형 로봇 예초기 장비가 적지 않다. 앞으로는 정원잔디도 주인이 직접 힘을 들여 깎지 않아도 된다. 골프장 근무 직원은 드론과 로봇이 일을 잘 할 수 있도록 프로그램을 입력하고 작업과정을 점검하고 결과를 확인하면 된다. 당연히 한 사람이 여러 대의 작업이 가능하다. 세상 변하는 속도처럼 잔디관리의 속도도 점점 빠르게 변하고 있다. 우리나라에 이미 깊숙이 들어와 있는 기후변화와 인구 감소가 골프장 관리에도 크게 영향을 미치는 것이다.

· 아열대(亞熱帶, Subtropical zones): 열대 주변에서 나타나는 기후이다. 주로 북회귀선과 남회귀선 일대에서 나타난다. 이 지역에는 때때로 눈이 내리고 얼음이 얼 수도 있으나 곧 녹아 사라진다.

· 워라밸(work & life balance): "일과 삶의 균형"을 뜻하는 "워크 앤 라이프 밸런스(Work & life balance)"의 줄임말이다. 장시간 노동을 줄이고 일과 개인적 삶의 균형을 맞추는 문화의 필요성 이 대두하면서 등장한 신조어다.

· 지표면(地表面, Earth surface): 지각의 가장 위의 표면으로 대기와 접하는 곳을 말한다. 지표면 온도는 지표면에서의 온도를 의미한다.

· 폭염(暴炎, Heat wave): 단순한 더위가 아닌 매우 심한 더위를 말한다. 폭염의 원인에 대한 의견 은 지구온난화라고 보는 쪽과 대기 흐름으로 인한 자연스러우면서 일반적인 현상이라고 보는 쪽 두 가지가 있다. 우리나라에서는 기상청을 기준으로 폭염주의보는 일 최고기온이 33℃ 이 상인 상태가 2일 이상 지속될 것으로 예상될 때 내려지는 폭염특보이며, 폭염경보는 일 최고 기온이 35℃ 이상인 상태가 2일 이상 지속될 것으로 예상될 때 내려지는 폭염특보이다.

골퍼를 위한 TIP!

▶ GC와 CC의 차이

골프장마다 이름 뒤에 붙는 단어가 다르다. 골프 클럽(Golf Club)과 컨츄리 클럽(Country Club)은 어떻게 다를까? 골프 클럽(GC)은 골프만 즐길 수 있는 시설을 갖춘 곳이다. 보통 골프장과 클럽 하우스를 기본으로 한다. 클럽하우스는 고객이 옷을 바꿔 입고 짐을 두거나 운동 후 씻을 수 있 는 시설이 있다. 식사를 할 수 있는 레스토랑도 있다. 골프장에 따라 고객들이 잠을 잘 수 있는 숙소를 갖추고 있는 곳도 있다. 우리나라에서는 주로 대중골프장들에서 볼 수 있다.

컨츄리 클럽(CC)은 골프 클럽보다 좀 더 규모가 크다. 골프를 할 수 있다는 점은 골프 클럽과 같 다. 하지만 컨츄리 클럽은 골프장 외에 다양한 부대시설이 있다. 예를 들어 테니스장, 수영장, 승 마장 등 골프장마다 다르지만 즐길 거리가 좀 더 다양하다. 미국 매사추세추 브루클린 컨츄리 클럽이 세계 최초인 것으로 알려져 있다. 우리나라에서는 보통 대기업이 운영하는 골프장이거 나 회원제 골프장에서 볼 수 있다. 가족이 와서 아빠는 골프를 즐기고, 아내와 아이들은 다른 스 포츠를 즐기는 것이 가능하다.

골프 클럽과 컨츄리 클럽이 시설에 따라 명칭이 나눠지기는 하지만 늘 그런 것은 아니다. 골프 장의 규모가 매우 다르기 때문이다. 골프장 이름도 주인 마음에 따라 바뀔 수 있다. 요즘은 전통 적인 기준에서 벗어나는 사례들도 많다. 골프장과 호텔이 같이 있거나 리조트가 함께 있는 경우 도 많다. 그럴 때는 골프장 이름 뒤에 골프 & 리조트가 따라온다. 가족 모두가 함께 하는 요즘의 가족문화와도 맞는 컨셉이다.

잔디밭 정원을 가진 분들께는 동력이 있는 무선 자주식 예초기를 추천한다. 동력은 휘발유나 배터리 모두 좋다. 20만 원 내외면 좋은 제품을 구입할 수 있다. 동력이 없이 인력으로 하는 예초기는 추천하지 않는다. 날이 무뎌지거나 잔디 잎의 길이가 길 때 예초작업이 힘들 수 있다. 그리고 예초기에 예지물을 담을 수 있는 망이 포함되는지 확인해야 한다. 예지물은 버리지 말고 재사용할 수 있다. 텃밭이 있다면 이랑 사이의 골에 펼쳐두면 풀이 자라지 않는다. 그래도 남는 양이 있다면 한곳에 모아두었다가 나무 줄기 주변을 덮는데 써도 좋다. 정원에 사용할 드론은 추천하지 않는다. 가격이 매우 비싸기 때문이다. 숙련자가 아니라면 농약이 주변으로 날릴 수도 있다. 비료와 농약을 살포할 때 개인이 하기에 넓은 면적일 경우에는 입제를 뿌리면 시간과 노력을 줄일 수 있다. 하지만 농약회사 추천량보다 많이 뿌리거나 뿌리는 과정에서 한 곳으로 몰릴 수 있으므로 주의해야 한다. 따라서 작물보호제지침서에 있는 사용량과 사용방법을 따르는 것이 안전하다.

6. 골프장 잔디는
    누가 관리할까?

본문 미리보기

골프장 잔디와 수목을 관리하는 사람들은 코스관리팀에 소속되어 있다. 그들을 그린키퍼라고 부른다. 골프장 코스관리팀에는 18홀당 보통 10명~15명 정도의 그린키퍼가 근무하고 있고, 맡은 직무에 따라 잔디 전문가, 장비 전문가, 조경 전문가 등의 인적구성으로 이루어져 있다. 그들 외에 코스관리팀에는 아침 예초, 볼마크 수리 등에 투입되는 비정규직 직원 수십 명도 근무하고 있다. 골프장 잔디가 골퍼들의 답압이나 병해충잡초와 같은 온갖 스트레스에 시달려도 사계절 건강한 것은 그들의 땀 덕분이다.

라운드 중에 골프장 직원이 예초장비를 타고 잔디를 깎는 장면을 종종 볼 수 있다. 여름철에는 물을 주는 직원이 보이기도 한다. 그들은 골프장 직원으로 그린키퍼라고 부른다. 인터넷 포털 사이트의 어학사전을 보면 "그린키퍼(Green keeper)"는 "골프장에서 골프공의 진행 방향을 좌우하는 잔디를 관리하는 사람" 또는 "쓰러진 잔디는 일으키고 발자국이 남아 있는 모래 벙커를 다듬는 일을 하는 사람"이라고 정의한다. 체육학대사전에는 그린 키퍼가 "코스의 잔디를 비롯해서 여러 설비를 손질하고 관리하는 종사원"으로 되어 있다. 골프용어집에는 어떻게 나와 있을까? "코스를 정비하고 유지보수 하는 사람"을 뜻한다고 되어 있다.

이번에는 잔디용어사전을 보자. 사전에는 "그린키퍼는 골프 코스의 관리 및 보존을 위한 전문가로서 미국에서는 슈퍼인텐던트(Superintendent)

로도 알려져 있고, 우리나라에서는 골프 코스관리부서장을 뜻하기도 한다"라고 기술되어 있다. 요즘에는 그린키퍼를 헤드그린키퍼(Head green keeper), 프로 그린키퍼(Pro green keeper), 코스관리사(Golf course manager) 등의 이름으로 그 직무의 무게에 따라 직급이 분화하고 있다. 미국 골프장 골프 코스관리팀 내에서의 직급이 Superintendent, Assistant superintendent, Turf equipment manager 등으로 세분화된 것과 비슷하다. 미국은 1980년대부터 코스관리팀 부서장을 그린키퍼라는 명칭 대신에 슈퍼인텐던트(Superintendent)라 부르고 있다. 그 이름에 걸맞게 미국 골프장의 슈퍼인텐던트는 골프장의 중요한 의사결정 과정에 적극적으로 참여하고 있다.

우리나라 골프장에서 그린키퍼의 중요성은 점차 커지고 있다. 골프장에 내장객이 증가하고 기상이변이 심해짐에 따라 잔디의 스트레스가 해가 갈수록 커지고 있기 때문이다. 그래서 그들은 기계적으로만 잔디와 수목을 대하지 않는다. 그들이 잔디를 녹색(Green)으로 유지(Keeper)시키기 위해서 과학을 기반으로 임하고 있다는 의미이다. 그린키퍼는 생명체를 다루는 자연과학 기반의 전문가이다. 매년 바뀌는 기상변화에 그린키퍼가 잔디의 상태를 정확하게 진단하고 처방하지 못한다면 하룻밤에도 아주 넓은 면적의 잔디 죽음을 목격할 수 있다. 내과는 물론 외과, 소아청소년과 모두 그들의 관할이다. 따라서 잔디 관리기술도 점점 과학화되고 있다. 기상 변화에 대응하는 잔디 품종을 택하고 그에 맞는 비료를 살포하며 계절에 따라 다른 관리방법을 적용해야 한다. 고가의 첨단장비가 골프장에 속속 들어오면서 골프장은 생명과학에 기반해서 식물을 다루는 전문가의 직장이 되었다(그림 4-9). 골프장에 유능한 그린키퍼가 없다면 골프

그림 4-9 다양한 장비가 있는 골프장 코스관리팀의 장비동(왼쪽 사진)과 배토작업 장면(오른쪽 사진). 코스관리팀에는 코스관리 전문가들이 근무하고 있고, 잔디와 수목 등 코스관리에 필요한 수많은 장비가 구비되어 있다.

장 잔디는 내일이라도 모두 죽을 수 있다. 다시 복구하려면 피해 면적에 비례해서 수천만 원 또는 수억 원의 비용이 필요할지도 모른다. 골프장에서 그들의 비중은 해가 갈수록 점점 커질 것이다.

우리나라와 미국에는 그들의 단체도 있다. 어떤 역할을 하는 단체일까? (사)한국그린키퍼협회(Golf Course Superintendents Association of Korea, GCSAK) 홈페이지에는 "골프장 및 잔디 업계의 건전한 발전을 도모하고, 친환경관리와 수준 높은 관리를 위해 회원 상호 간의 정보교류 및 기술개발에 주력하고 있으며, 1988년 3월에 발족하여 날로 발전하는 골프장 관리 분야에 주도적인 역할을 하고 있다"고 기술되어 있다. 미국 골프장 슈퍼인텐던트협회(Golf Course Superintendents Association of America, GCSAA) 홈페이지를 보면, GCSAA는 "골프 게임의 가장 귀중한 자원인 골프 코스를 관리하고 유지하는 남녀를 위한 전문 협회로 골프 업계는 협회를 골프 게임 및 비즈니스 향상의 핵심 기여자로 인식하고 있다"고 홍보하고 있다. 두 단체는 각각 한국과 미국에서 박람회나 세미나, 워크숍 등의 형태로 협회 행사를 격년 또는 매년 개최하고 있다(그림 4-10).

그림 4-10 2022년 12월에 개최된 한국골프산업박람회 행사장 전경. 격년으로 개최되는 박람회는 잔디관리 장비, 농약, 비료, 잔디 등 코스관리 산업전반의 흐름을 읽을 수 있는 유익한 행사이다. 그린키퍼들은 행사에 참여해 정보를 교류하고 친교를 나눈다.

우리나라에서 골프장은 2000년도만 해도 18홀 골프장이 148개에 불과했었다. 이후에 그 수가 급격하게 늘어나면서 2022년에 540개 이상의 골프장이 전국 곳곳에서 운영되고 있다. 골프장 수가 늘어나면서 당연히 골프장 사이에 잔디 품질이 비교되기도 한다. 잔디 관리를 알아야 골프장 CEO가 되는 시대가 도래했다. 그린키퍼 출신의 CEO 탄생은 이미 오래전 일이다. 미국에서 프로골프대회가 열리면 코스 관리를 총괄하는 슈퍼인텐던트는 골프장 설계자와 함께 당당하게 TV 자막에 오른다. 그의 이름이 소개되고 그의 리더십에 의해 대회 코스 잔디가 이렇게 아름답게 준비됐다는 아나운서의 설명이 뒤따른다. 골프 경기에 임하는 선수나 경기를 즐기는 갤러리들은 3~4일간의 일정 동안 코스를 총괄했던 슈퍼인텐던트와 그의 동료들이 준비한 퍼포먼스에 놀라움과 존경을 표시한다.

우리나라 그린키퍼의 실력은 세계 최고 수준이다. 우리나라만큼 골프장 내장객을 받는 나라는 세계 어디에도 없다. 그만큼 우리나라 골프장의 내장객 숫자는 세계 최고 수준이다. 어느 농작물도 우리나라 골프장의 잔디처럼 극한의 스트레스 속에서 놓여있지 않다. 그런 골프장에서 최고급 잔디 품질을 유지할 수 있는 비결은 그들에게 잔디와 골프에 관한 깊은 지식과 기술, 그리고 지혜가 있어서다. 많은 그린키퍼들은 지금 골프장을 떠나 월드컵축구경기장, 프로야구경기장, 지방자치단체운동장 등으로 영역을 넓히고 있다. 최근 코로나19로 주춤하고 있지만, 오래전부터 미국, 일본, 동남아 골프장도 그들의 직장이 되어 왔다. 코로나19가 종식이 되면 더 많은 그린키퍼들의 시선은 다시 외국으로 향할 것이다.

· CEO (Chief Executive Officer): 최고경영책임자를 뜻한다. 기업이나 정부 부처 등의 임원 중 가장 높은 위치에서 총체적인 경영을 책임지는 사람이다.

골퍼를 위한 TIP!

▶ **좋은 골프코스는 골퍼와 그린키퍼가 함께 관리해야 오래 지속된다.**

골퍼들은 벙커샷을 한 후에 생긴 발자국을 레이크로 평탄하게 하고 나서 올라온다. 페어웨이에서는 아이언 샷 후에 떨어진 디보트를 원래의 위치에 갖다 놓는다. 퍼팅그린에 떨어진 공 자국인 볼마크를 수리하기도 한다. 위의 예들은 뒤따라오는 골퍼들이 플레이 중에 방해받을 수 있는 흔적과 잔디 손상들이다. 잔디 입장에서는 상황에 따라서 빠른 응급처치가 필요한 손상도 있다. 그래서 플레이 후에 바로 자신의 흔적을 지우거나 손상을 수리하는 골퍼들의 행위는 잔디와 골프장 직원 입장에서는 큰 배려라 할 수 있다. 잔디의 피해가 줄어들면 농약과 비료를 덜 사용하게 되니 골퍼와 환경에게도 좋은 일이다. 골퍼에게는 더 좋은 품질의 잔디 위에서 골프를 즐길 수 있는 또 다른 방법이다. 그래서 골프규칙 2023년도 판 「플레이어의 행동 기준」에 플레이어는 "코스를 보호하여야 한다"라고 기술되어 있다. 골프 코스는 그린키퍼와 골퍼가 함께 관리해야 좋은 품질로 오래갈 수 있다. 그것은 골퍼에게도 결국 이득이 된다.

가드너를 위한 TIP!

잔디밭 정원을 가꾸는 분들은 짝수 해 1월 또는 2월에 열리는 한국골프산업박람회에 방문해 보자. 보통 수도권에서 2박 3일 개최된다. 잔디, 비료, 농약, 장비 등 다양한 정보를 접하고 실물도 볼 수 있다. 많은 기업체들이 무료로 자료를 제공한다. 운이 좋으면 잔디나 수목관리 제품도 받을 수 있다. 전문가의 특강이나 기업체 제품 설명회도 진행된다. 전문가들과 대화를 통해 지식도 쌓고 필요할 경우에 인맥도 만들 수 있다. 만약 여러분이 박람회를 접하고 나면, 여러분의 잔디밭 품질은 분명히 몇 단계 좋은 수준으로 향상될 것임을 확신한다. 여러분의 박람회 방문을 적극 추천한다.

참고문헌 🌿

골프 규칙 2023년도 판. 2022. 대한골프협회 출판사업부.

김경남. 2012. 최신 잔디학 개론. 삼육대학교출판부.

김경남. 2013. 잔디조성론. 케이에스출판사.

김경남. 2019. 잔디학 관리론. 케이에스출판사.

김경남. 2019. USGA 지반에 조성된 주요 한지형 잔디의 뿌리생장과 토양물리성의 상관관계 분석. Weed Turf. Sci. 8(2):149-158.

김기동, 이정호, 장석원. 2020. 학교 운동장 조건에서 봄철 그린업 전후 답압 강도에 따른 들잔디와 금잔디 운동장의 품질 차이. Weed Turf. Sci. 9(2):169-177.

김길웅, 신동현, 이인중. 2022. 최신 잡초방제학 원론. 경북대학교 출판부.

김길하. 2012. 삼고 해충학 이론과 응용. 향문사.

농약안정정보시스템(https://psis.rda.go.kr/psis/). 농촌진흥청

(사)한국잔디학회 교재편찬위원회. 2022. 잔디학. 바이오사이언스.

심규열, 김정호. 2004. 골프장 징의 종류별 잔디에 미치는 영향 조사. Kor. Turfgrass Sci. 18(3):165-169.

심규열, 이정한. 2018. 한국의 잔디병해 연구사. Weed Turf. Sci. 7(2):87-97

심포롱, 심규열. 1997. 퍼팅그린의 마모와 골프공의 구름에 미치는 골프화의 영향.한국잔디학회지 = Kor. J. turf. sci. 11(3):205-210.

AGRIOS, G.N. 2006. 식물병리학. 월드사이언스. (고영진 외 번역)

오츠키 요시히코. 2010. 골프는 과학이다. 아르고 나인.

오츠키 요시히코. 2012. 골프는 과학이다 2. 아르고 나인.

이상진, 장석원, 김기동, 심경록, 이정호. 2020. 크리핑 벤트그래스 퍼팅그린에서 동절기 및 그린업 시기 잔디 착색제 활용. Weed Turf. Sci. 9(4):425-431.

이인용, 김창석, 이정란, 박남일, 박재읍. 2013. 잔디밭잡초 발생현황 및 방제기술. Weed Turf. Sci. 2(2):111~121.

이재필, 박현철, 김두환. 2006. 천연잔디, 인조잔디, 맨땅 축구장에서 축구경기력 비교. Kor. Turfgrass Sci. 20(2):203-211.

이태신. 2020. 체육학대사전(학술용어편). 민중서관.

장석원. 2020. 잔디 생육 및 병 평가를 위한 이미지 분석 기술의 적용. Weed Turf. Sci. 9(1):43-52.

장석원, 구준학, 성창현, 이정호, 박소준, 지재욱, 윤정호. 2018. 추석 전 잔디 깎기(벌초) 시기 및 높이에 따른 들잔디와 금잔디의 생육. Weed Turf. Sci. 7(2):140-147.

장석원, 김기동. 2021. 골프장 퍼팅그린에서 착색제의 효과 증진을 위한 전착제 및 살포시기 평가. Weed Turf. Sci. 10(3):319-326.

장석원, 성창현, 배은지, 구준학, 윤정호. 2019. 들잔디와 금잔디 수집종의 지역별 적응성 및 봉분 실증 평가. Weed Turf. Sci. 8(3):267-278.

장석원, 이정호, 권병석, 홍점규, 박소준, 변재복, 지재욱. 2017. 우리나라 묘지의 잔디 관리 실태 조사 연구. Weed Turf. Sci. 6(2):130 - 135.

정경조. 2021. Fun할 뻔한 Golf Rule. J & J Culture.

정경조, 남재준. 2020. 주말 골퍼들이 코스 따라가며 찾아보는 골프 규칙. J

& J Culture.

추호렬, 이동운. 2017. 한국의 잔디해충 연구사. Weed Turf. Sci. 6(2):77~85

토양지하수정보시스템(https://sgis.nier.go.kr/web). 환경부.

한국골프장경영협회. 2006. 잔디용어해설. 삼정인쇄공사

한국골프장경영협회. 2013. 골프 코스 관리정보 제 114호 (골프장 농약사용, 사실은 이렇습니다). (주)산화인쇄.

한국 기후변화 평가보고서 2020(기후변화 영향, 적응 및 취약성). 환경부

한국 기후변화 평가보고서 2020(기후변화 과학적 근거). 환경부

한상석. 2023. 한상석의 골프장 이야기 3. 세창문화사.

Bell, G.E. 2011. Turfgrass physiology and ecology advanced management principles. Cabi.

Carrow, R., Duncan, R.R., and Huck, M.T. 2008. Turfgrass and landscape irrigation water quality assessment and management. CRC Press.

Casler, M.D. and Duncan, R.R. 2013. Turfgrass biology, genetics, and breeding. John Wiley & Sons

Chang, S. W., Chang, T. H., Abler, R. A. B., and Jung, G. 2007. Variation in bentgrass susceptibility to *Typhula incarnata* and in isolate aggressiveness under controlled environment conditions. Plant Dis. 91:446-452.

Chang, S.W., Jo, Y.K., Chang, T.H. and Jung, G. 2014. Evidence for genetic similarity of vegetative compatibility groupings in *Sclerotinia homoeocarpa*. Plant Pathol. J. 30(4) : 384-396.

Chang, S. W., Scheef, E., Abler, R. A. B., Thomson, S., Johnson, P., and Jung, G. 2006. Distribution of *Typhula* spp. and *Typhula ishikariensis* varieties in Wisconsin, Utah, Michigan, and Minnesota. Phytopathology 96:926-933.

Christians, N.E. and Agnew, M.L. 2008. The mathematics of turfgrass maintenance. Wiley.

Clark, J. M. and Kenna, M.P. 2003. Fate and management of turfgrass chemicals. American Chemical Society.

DiPaola, J.M. and J.B. Beard. 1992. Physiological effects of temperature stress. In: D.V. Waddington, R.N. Carrow, and R.C. Shearman, editors, Turfgrass. Agron. Monogr. 32. ASA, CSSA, and SSSA, Madison, WI.

Emmons, R. and Rossi. 2015. Turfgrass science and management. Cengage Learning.

FIFA. 2005. FIFA quality concept for artificial turf guide. Federation Internationale de Football Association. pp. 13-16.

Franklin C.A. and Worgan, J.P. 2005. Occupational and residential exposure assessment for pesticide. 14-43pp.

Hatfield, J. 2017. Turfgrass and climate change. Agron. J. 109:1708-1718.

Hinton, J.D., Livingston III, D.P., Miller, G.L., Peacock, C.H. and Tuong, T. 2012. Freeze tolerance of nine zoysiagrass cultivars using natural cold acclimation and freeze chambers. HORTSCIENCE 47(1):112-115.

Huang, B. and Fry, J. 2004. Applied turfgrass science and physiology. Wiley.

Keskitalo, J., Bergquist,G., Gardeström, P. and Jansson, S. 2005. A cellular timetable of autumn senescence, Plant Physiology. 139(4): 1635-1648.

Johns, R. 2003. Turfgrass installation management and maintenance. McGraw-Hill Companies.

Nett, M.T., Carroll, M.J., and Horgan, B.P. 2008. The fate of turfgrass nutrients and plant protection chemicals in the urban environment. American Chemical Society.

Patton, A. and Christians, N. 2016. Fundamentals of turfgrass management. Wiley.

Potter, D.A. 1998. Destructive turfgrass insects biology, diagnosis, and control. Wiley.

Putnam, R.A., Doherty, J.J. and Clark, J.M. 2008. Golfer exposure to chlorpyrifos and carbaryl following application to turfgrass. Journal of agricultural and food chemistry, 56(15):6616-22.

Salgot, M., Priestley, G.K. and Folch, M. 2012. Golf course irrigation with reclaimed water in the mediterranean: A risk management matter. Water 4(4): 389-429.

Turgeon, A.J. 2011. Turfgrass management. Prentice Hall.

Vargas, J. M., Jr. 2004. Management of turfgrass diseases. Wiley.

Vargas, M.J. and Vargas, J.M.,Jr. 1993. Management of turfgrass diseases. CRC Press.

Waddington, D.V., Rieke, P.E. and Carrow, R.N. 2002. Turfgrass soil fertility & chemical problems assessment and management. Wiley.

Watschke, T.L., Dernoeden, P.H., and Shetlar, D.J. 2013. Managing turfgrass pests. CRC Press.

Xuan, J. Liu, J. Gao, H. Hu, H. and Cheng, X. 2009. Evaluation of low-temperature tolerance of zoysia grass. Tropical Grasslands. 43.

찾 아 보 기 🌿

골프와 가드너를 위한 잔디밭 사계

골프와 가드너를 위한 잔디밭 사계